种桑养蚕实用技术

◎ 韦茁萍　张高智　吴晚信　主编

中国农业科学技术出版社

图书在版编目（CIP）数据

种桑养蚕实用技术 / 韦茁萍，张高智，吴晚信主编．—北京：中国农业科学技术出版社，2018.9 （2025.4 重印）

ISBN 978-7-5116-3836-6

Ⅰ.①种… Ⅱ.①韦… ②张… ③吴… Ⅲ.①蚕桑生产 Ⅳ.①S88

中国版本图书馆 CIP 数据核字（2018）第 192805 号

责任编辑 崔改泵
责任校对 李向荣
出 版 者 中国农业科学技术出版社
北京市中关村南大街12号 邮编：100081
电 话 （010）82109194（编辑室） （010）82109702（发行部）
（010）82109709（读者服务部）
传 真 （010）82106650
网 址 http: // www.castp.cn
经 销 者 各地新华书店
印 刷 者 北京中科印刷有限公司
开 本 850mm × 1 168mm 1/32
印 张 4.25
字 数 120千字
版 次 2018年9月第1版 2025年4月第8次印刷
定 价 39.80元

《种桑养蚕实用技术》

编委会

主　编：韦茁萍　张高智　吴晚信

副主编：周运贵　杨盈欢　谢寿泳　黎　鹃　罗娇毅

　　　　周正侦　江发茂　玉章艳　贝学武　陈雪玲

　　　　欧　利　吕　冰　吴秀玲　徐青蓉　邱祖杨

编　委：黄云柳　韦海潭

前　言

我国是世界上最早养蚕、缫丝、织绸的国家。伴随着我国经济的发展，工业化和城市化进度的加快，土地成本和人工成本不断上涨，致使东部传统的蚕桑产业发展受到制约，生产规模逐年下降；我国中西部地区社会经济发展相对落后，并拥有较为丰富的土地资源和劳动力资源，具备发展蚕茧丝产业的自然条件和社会基础。广西积极主动承接桑蚕产业转移，积极推进桑蚕产业发展，取得了巨大的成就。2000年广西全区桑园面积仅30万亩，蚕茧产量全国排名第6位，到2005年蚕茧产量即跃居全国第一，2017年全区桑园面积320万亩，蚕茧产量超36万吨，蚕茧产量约占全国50%，连续13年稳居全国第一。初步形成了“世界蚕业看中国，中国蚕业看广西”的发展新格局。

被誉为“中国蚕茧之乡”的河池市宜州区，紧紧抓住国家东桑西移机遇，坚持以市场为导向，以增加农民收入为目的，大力推广小蚕共育、木板方格蔟应用，蚕房安装水帘空调、降温补湿、轨道给桑、升降机自动上蔟、采茧机等设备，标准化省力化技术的推广推动了桑蚕业快速健康发展。2017年，宜州区桑园面积达到34.68万亩，鲜茧产量5.8万吨。种桑养蚕已成为当地贫困户脱贫致富的重要门路。由于传统的蚕桑生产模式和技术体系存在工序烦琐、劳动强度大、花工多、生产效率低等弊端，已越来越不适应蚕农致富的愿望，农民迫切需要一本系统介绍省力、高效、机械化为核心的种桑养蚕技术书籍。

编者从事桑蚕等农业技术教学、培训和生产实践，深刻体会农民的艰辛、农村的落后和农业的重要性，发展现代农业的根本出路在科技、关键在人才。在总结近几年广西特别是河池市高效、省力化蚕桑实用技术应用成果的基础上，深入生产一线搜集蚕农生产经验和技术创新，结合主编近三十年从事教学、培训和生产实践经验组织编写了本书。本书定位于农民培训，强调针对性和实用性，围绕生产过程和生产环节进行编写；在内容上重点突出速成桑园种植技术及病虫害防治，桑蚕省力化养殖技术、蚕病害预防以及蚕农的技术创新和经营理念；力求图文并茂，通俗易懂，利于激发蚕农对农业学习的兴趣。本书既可以作为新型职业农民培训教材，也可用作农业中职教材和农民知识读本。

感谢在一线辛勤工作的蚕业科技工作者提供宝贵成果，感谢蚕农的无私奉献，本书才能获得第一手真实资料。

由于编者水平所限，书中难免存在不足和错谬之处，恳请广大读者朋友提出宝贵意见。

编者

2018年7月

目录

第一章　桑树栽培

第一节　桑树基础知识

一、桑树形态

桑树是多年生木本植物，由根、芽、茎、叶、花、椹、种子等器官组成。

（1）根。根是桑树的地下部分，吸收土壤中养分和水分以供地上部分生长发育，同时还有贮存养分、合成有机物质和固定支持桑树的作用。桑树实生苗的根系由主根、侧根、须根组成。移植的桑苗切断主根后产生很多侧根并向下垂直生长。扦插苗、压条苗的根由枝条内的根原基或愈伤组织分化产生，为不定根，无主根。桑根一般集中分布在0～40厘米土层中。

（2）芽。芽是桑树发育和更新复壮的基础。根据芽在枝条上的位置，可分为顶芽和腋芽。芽发育成枝条、叶、花。冬芽的形态、色泽和着生位置是识别桑树品种的重要依据之一。有些品种一个叶腋内着生1个芽，大多数品种着生2～3个芽，正中芽较大称为主芽，其余较小的称为副芽。在桑树栽培中，必须保护桑芽不受损伤。

（3）茎。即树干和枝条，起运输、贮存养分和水分，并支撑枝叶的作用。新抽芽的枝条呈绿色，成熟后转变成品种固有色。枝条是着生芽、叶的器官，枝条上还有皮孔、叶痕、节、节间。在桑树栽培中，采取措施增加单位面积总条数和总条长是增产桑叶的关键。

（4）叶。叶是桑树进行光合作用和蒸腾作用的主要器官，是栽培桑树的主要收获物。桑叶是完全叶，由托叶、叶柄和叶片3部分组成。叶片的大小和形态因品种而异，桑叶的叶缘有锯齿，常根据叶片形态、叶尖和叶基形态作为识别桑树品种的依据。

桑树叶形

1.心脏形；2.长心脏形；3.椭圆形；4.卵圆形；5.深裂叶形；6.浅裂叶形

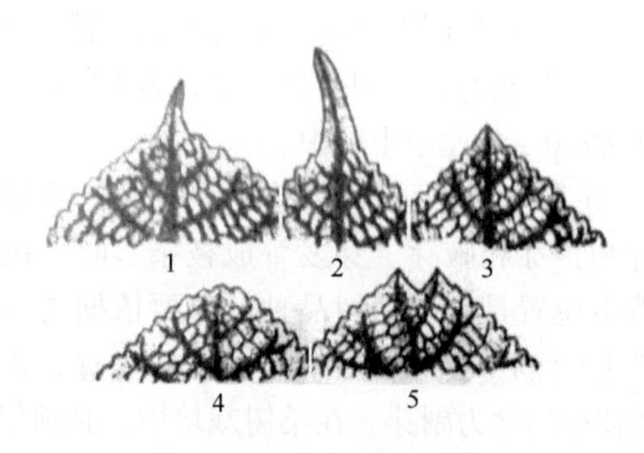

桑树叶尖形态

1.短尾状；2.长尾状；3.锐头；4.钝头；5.双头

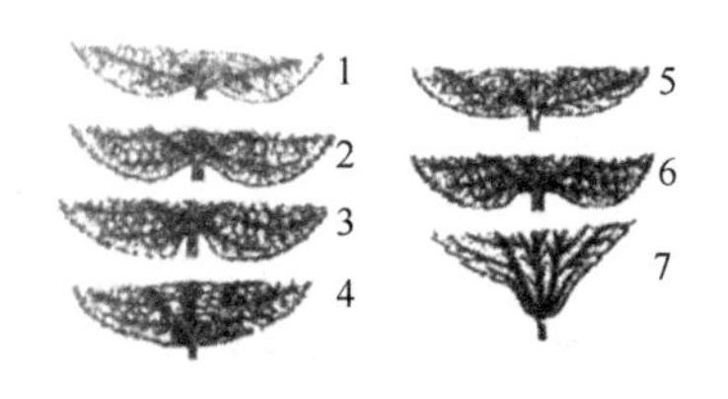

桑树叶基形态

1.浅心形；2.心形；3.深心形；4.圆形；5.截形；6.肾形；7.楔形

（5）花、椹和种子。大多数桑树品种的花为单性花，雌花和雄花不在一朵花中，偶尔也有雌雄同花的两性花。雌花受精后，逐渐发育形成小浆果，许多小浆果着生在一个果轴上，形成桑椹。桑椹最初呈绿色，逐渐变为红色，成熟时为紫黑色，也有少数品种的桑椹成熟时为玉白色或饴红色。果肉里面有桑种子，扁卵形，黄褐色或淡黄色，由种皮、胚和胚乳组成。

〖知识拓展1〗——桑树全身都是宝

桑叶是蚕天然的食料，也可作为牛、羊、猪、兔、鸡等动物饲料。

桑叶用途很广，人可以食用，也可以用来制作药物，桑叶具有抗凝血、降血脂、降血压、降胆固醇、抗血栓形成和抗动脉粥样硬化、降血糖、抗病毒、抑菌抗炎、抗肿瘤、抗疲劳、抗衰老、抗丝虫病、抗溃疡、解痉、润肠通便、减肥、改善肠功能等作用。

桑根具有清热定惊，祛风通络之功效，常用于惊痫，目赤，牙痛，筋骨疼痛。

桑树的干燥嫩枝，主治风寒湿痹，四肢拘挛，脚气浮肿，肌体风痒。桑枝杆粉碎后可作为栽培食用菌的原料，桑皮也是造纸的原料。

桑葚营养价值丰富，可鲜食，亦可加工成饮品或食品，有着诸多养生和美容功效。

二、桑树生长环境

（1）光照。桑树需要充足的光照才能正常生长发育。在不同光照条件下，桑树特征特性和桑叶成分会发生相应变化，影响桑叶产量和质量。光照充足，叶色浓绿，叶肉厚，叶质好，产量高；光照不足，叶片生长及产量、质量差。桑园要通过栽植密度、栽植方式、养成与采叶等合理措施，调节枝条群体结构，才能充分利用光能，获得丰产。

（2）温度。25～30℃是桑树生长的最适温度。春季地温上升到10℃以上时，开始长出新根，根生长最适温度是28～30℃，高于40℃或低于10℃时，根的生长便停止。气温低于12℃时，桑树停止生长，落叶休眠。

（3）水分。桑树在生长期内要从土壤中不断吸收大量水分，才能满足生长需要。桑树如遇供水不足时，引起老叶提早发黄、脱落，枝梢生长缓慢或停止。土壤水分过多，桑叶含水多，不易成熟，叶质差，桑园积水，桑树停止生长，桑叶萎蔫脱落，长期积水，桑树根部易中毒，引起桑树死亡。适宜桑树生长的土壤含水量为70%～80%。

（4）空气。空气中的氧与二氧化碳是桑树进行呼吸作用和光合作用不可缺少的物质。桑树的地上部分和地下部分都要依赖氧气进行呼吸，如果土壤板结、积水等原因而通气不良时根系只能进行无氧呼吸，妨碍根系的生长和呼吸。空气中的尘埃、煤烟、水蒸汽、雾和有毒气体对桑树生长有很大影响。桑园地要避免不良气体对桑树的污染。

（5）土壤。土壤是桑树生长的基础，土壤质地、土壤结构、土壤酸碱度不同直接影响桑树生长，而且影响桑叶质量，从而间接影响茧丝质量。壤土或沙壤土，土质比较疏松，通气和排水性能良好，有机质也较丰富，最适合桑树生长。桑树对土壤酸碱度的适应性较强，一般pH值在4.5～9的范围内都能生长，但在pH值6.5～7.0的范围内的土壤适合桑根生长。

（6）养分。桑树生长发育需要15种营养元素，即碳、氢、氧、氮、磷、钾、钙、硫、铁、锌、锰、铜、镁、硼、钼等。碳、氢、氧主要从空气和土壤中摄取二氧化碳和水来获得。桑树对氮、钾、磷、钙、镁和硫这6种元素的需要量较大，对铁、硼、锰、铜和钼的需要量较少，有的甚微。桑树对营养物质的获得主要是通过根系从土壤中吸取，很多水溶液状态的营养物质可通过气孔和角质层被叶片吸收，所以叶面施肥也能收到较好的效果。必需元素轻度缺乏时，桑树的生理活动减弱，生长慢，桑叶产量降低；必需元素严重缺乏时，桑树生长停滞，同时出现一些反常的特征性病态称缺素症。

〖知识拓展2〗——桑树缺素症状表现

缺乏元素名称	症状表现
氮	新梢生长缓慢，枝条细短，叶色淡、叶肉薄，硬化和落叶提前，产量低，叶质差
磷	生长缓慢，开叶迟，叶片小，叶柄和叶脉失去绿色，仅叶脉周围留有绿色，叶肉呈黄褐色。（磷过量使桑叶成熟、硬化提前）
钾	枝条软弱、直立性差，叶片萎缩，老叶由绿色转黄色变褐色，以致叶片枯死。（钾过多桑叶提早成熟）
钙	枝条柔软、叶质差，严重的中上部叶反卷，叶基变黑坏死
镁	中下部叶片叶缘变黄，叶肉褪绿变黄白色，主叶脉和侧叶脉附近仍残留绿色，严重时黄化的叶肉变成褐色
硫	幼叶发黄，植株矮小，分枝减少，全株体色变淡，呈浅绿色或黄绿色。叶片失绿或黄化，褪色均匀，幼叶较老叶明显，叶小而薄，向上卷曲、变硬、易碎，提前脱落且茎生长受阻

（续表）

缺乏元素名称	症状表现
铁	新芽生长缓慢且呈萎缩状，新叶主脉和侧脉稍有绿色，全叶黄白，严重时向枝条下部扩展，至全株枯死。下部叶片常保持绿色，嫩叶呈现失绿（土壤pH值高、冷凉和重碳酸盐含量高可引起缺铁）
硼	叶片变厚、叶柄变粗、裂化，诱发粗皮病
铜	叶片失绿，幼叶的叶尖黄化并干枯，叶片卷缩、脱落
锰	幼叶叶脉间黄化，有时出现黑褐色斑点
钼	植株矮小，叶片失绿、枯萎以致坏死
锌	生长不良，枝条细而长，叶片小而薄，叶片失绿，萌发侧枝。呈丛生状

三、广西壮族自治区推广种植桑树品种简介

（1）桂桑优12。群体整齐，生长旺，长叶快，长心形叶，节间密，发芽早，落叶晚，抗旱力较强，再生力强，可片叶、条桑收获。

（2）桂桑优62。发芽早，晚秋落叶休眠迟，生长期长，有效枝条多，枝叶生长速度快，叶片较大，阔心形叶，叶尖短尾状，部分双头，产量高，适合片叶收获。

桂桑优12

桂桑优62

（3）特优 2 号。群体整齐，发条较多，枝条较高，枝态直立，阔心形叶，深绿，叶尖多为短尾、钝头状，有部分为双头钝头，叶基浅心状，发芽较早，落叶较晚。

（4）强桑1号。树形直立，树冠紧凑，枝条粗长，侧枝少，发条数中等，长势旺盛，皮色青绿；成熟叶深绿色、长心形，叶形大，叶面平滑，光泽强，叶片稍下垂，长势旺，桑叶产量高。下部黄落叶少，秋叶硬化迟，耐瘠一般，耐寒、耐旱，移栽成活率稍低，适应性较强。田间种植未见桑黄化型萎缩病发生，桑瘿蚊等微型害虫为害较轻，易感黑枯型桑疫病。

特优2号

强桑1号

（5）农桑14。树形直立稍开展，枝条粗长而直，无侧枝，叶肉厚，心脏形叶，墨绿色，叶面平而光滑，光泽较强，叶片向上斜生，开雄花，花穗均较少。扦插成活率高，抗桑疫病和黄化型萎缩病、桑蓟马、红蜘蛛、桑粉虱力强。

（6）粤桑11号。多倍体杂交品种。树形稍开展，群体整齐，枝条直，发条数多，再生能力强，耐剪伐。叶心脏形和长心形，叶片平伸或稍下垂，叶面粗糙有波皱，叶色翠绿，光泽较弱，叶尖长尾状，叶缘钝齿和乳头齿状，叶基心形和肾形。顶芽壮，黄绿色。发芽早，叶片成熟早，秋叶硬化偏早。

农桑14

粤桑11号

（7）粤桑51号。生长势旺盛，枝条萌发能力强，树形稍开展。枝条直立，皮灰褐色，叶形为心形或长心形，叶片平伸或稍下垂，叶面粗糙有波皱，叶色翠绿，每亩（1亩≈667平方米，全书同）栽4 000株左右（80厘米×20厘米）为宜，可采叶片或收获条桑，收获片叶为每隔25～30天采一次，不宜超过30天；收获条桑为每隔45～50天伐一次，不宜超过50天。适宜区域：珠江流域及长江以南等热带、亚热带地区。青枯病地不宜种植。

粤桑51号

第二节 速成桑园种植技术

一、建立优质高产桑园的意义

长期的生产实践表明：某一地区要迅速、持久、健康地发展蚕桑生产，首先必须脚踏实地加强桑园建设，建立起优质高产桑园。因为桑叶是蚕的粮食，单位面积桑园的桑叶产量和质量，不仅直接关系到蚕的饲养量多少，同时又关系到蚕的生命力强弱、蚕茧产量的高低和质量的优劣，从而直接影响到桑蚕生产的经济效益和蚕农生产积极性。因此，必须纠正和克服重蚕轻桑的错误想法，树立“桑是摇钱树，蚕是聚宝盆”的正确观念。

二、桑园规划

（1）合理布局，集中连片种植。桑树是多年生叶用经济林木，投产期长，生产年限长，一经栽植不易变更，所以应做好全面、充分调查研究，以保证长期稳定发展。要避开废水、废气污染严重区栽桑，不要和粮果夹种，防止在蚕期内由于粮果喷洒农药污染桑叶引起蚕中毒现象。

（2）桑园面积的确定。桑园面积应以规模经营为前提，根据人力、财力及计划养蚕规模等因素确定。一般农村家庭生产规模在0.3～0.8公顷，大户规模在8公顷左右，经济效益较好。

（3）桑园基础要求。最好是划分好作业区，合理设置道路，配置排灌系统，选地势平坦、土层深厚、肥沃、地下水位较低的沙壤地块合理密植，选择桑树品种，以达快速丰产，提高单位面积经济效益。

三、桑苗繁殖技术

桑苗繁殖可分为有性繁殖和无性繁殖两种。有性繁殖即用桑种子繁育成实生苗的方式；无性繁殖即采用嫁接、扦插、压条等方式培育成桑苗。

（一）种子育苗

1. 选用良种

广西壮族自治区（以下简称广西）现推广应用的杂交桑种子主要有桂桑优12号、桂桑优62号、特优2号、粤桑11、粤桑51等。

杂交桑种子

2. 苗圃地的选择及整理

选土层较厚、质地疏松、排灌较好的土地作苗圃地，要求前作没有检疫性病虫害。播种前4～6天，最好用除草剂全面喷施。土地翻耕两遍，每亩施腐熟有机肥1 500～2 000千克、过磷酸钙15～20千克，充分耙碎耙平，起畦，畦宽1～1.2米、高15厘米，畦沟宽30厘米。要求畦面松、平、净、碎。

3. 播种期

（1）播种适期。春播：3月上旬至4月下旬；秋播：8月下旬至9月中旬。

苗圃地整理

（2）播种方法。

撒播：把种子（每份种子混拌5份细泥）均匀撒在畦面上，薄盖一层细土，盖草，淋水。每亩用种量为0.75～2千克。条播：畦面上开浅小沟，间距约15厘米，淋水使小沟泥土湿润呈浆状，然后点播种子。薄盖一层细土，再盖草，淋水。每亩用种量为0.6～1.5千克。

撒播桑苗

条播桑苗

4. 苗圃管理

播种后10天内，保持土壤湿润；至桑苗长出两片叶时，揭草；桑苗长有4～8片叶，除草、间苗、追肥（每亩用尿素2千克对成浓度为0.2%～0.3%淋施，每隔15～20天淋一次，注意病虫害的防治。

5. 桑苗出圃

当桑苗高40厘米以上，苗龄3个月以上，苗茎0.3厘米以上，达到苗木合格标准可起苗出圃。起苗时应尽量保存根系，苗木按分级标准分类捆扎，不马上种植的，挂上标签，置于阴凉通风处。

（二）嫁接桑苗

1. 嫁接繁殖

把一株桑树的枝条或芽嫁接到另一株桑树的枝干或根上，使两者愈合培育成新的个体植株。嫁接桑具有生长整齐、叶质好、产量高等优点。

2. 嫁接最适时期

12月至次年2月。

3. 嫁接方法

常用根接法，即用一年生细小的实生苗根倒插进接穗的皮层里面。

（1）接穗准备。采穗园应提早夏伐，伐后重施有机肥和磷钾肥，培育健壮充实的枝条。在11月下旬至12月底桑树落叶休眠期采集穗条，穗条置于5～10℃、相对湿度70%的阴凉避风处贮藏，待接穗条含水率50%左右时嫁接成活率较高。

（2）砧木要求。用实生桑苗做砧木较好，要求桑苗新鲜，根茎部粗3毫米左右为好。

（3）嫁接。

① 砍接穗。把穗条砍成每段长10～13厘米，有2～3个芽的接穗，每段接穗下端在芽的后方稍下处入刀砍成45°角斜面。

② 剪取砧木。取实生桑苗主根于上端正反面向上各削一刀成

斜面，削口长0.7～1厘米。

③ 嵌接。捏开接穗下端斜面先端的皮层，使之成袋状，把砧木插入袋内，要求插得紧密、皮层不开裂。

（4）嫁接体的管理。

① 嫁接体低温密封贮藏，待发鹰嘴芽，愈伤组织形成后定植。

② 嫁接体苗圃地假植。

③ 嫁接体直栽。

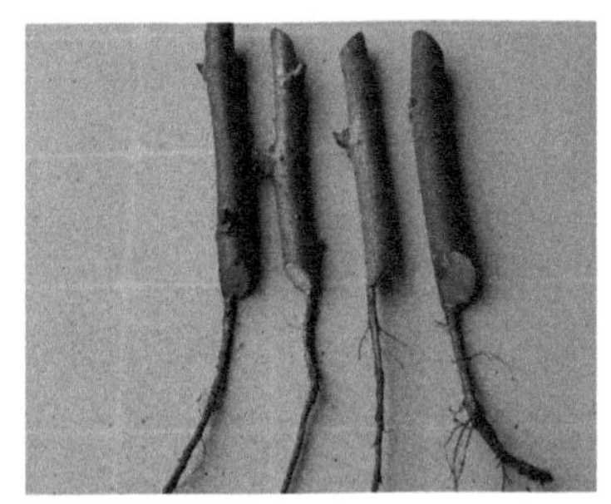

根接嫁接体及嫁接操作

嫁接体苗圃地

嫁接体直栽建园

（三）扦插繁殖

即是将枝条剪成一段段插穗，竖插或斜埋地里，以后转变为新的个体，1根插穗为1个个体植株。

扦插苗

（四）埋条繁殖

即是利用桑树枝条的全能性和再生能力，枝条从桑树母株剪离，整条横埋到土中，给予适宜的条件，使埋下的枝条发展成为新的植株。

埋条方法及埋条桑园

四、移栽种植

1. 移栽适期

以冬种为好，其次是春植（12月至次年2月）。夏秋期也可种植，但成活率不稳定。

2. 种植密度

（1）实生苗。片叶收获的，种桑密度为每亩4 000～5 500株。单行种植，行距80厘米，株距15～20厘米；双行种植，宽行100～120厘米，窄行40～50厘米，株距15～20厘米。条桑收获的桑园，每亩栽7 000株左右（双行种植：宽行80厘米，窄行40厘米，株距15厘米）。

（2）嫁接苗。一般每亩种植1 200～3 000株。

桑园等行种植

桑园宽窄行种植

〖知识拓展3〗——高效生态桑蚕产业（核心）示范区

刘三姐高效生态桑蚕产业（核心）示范区位于河池市宜州区德胜镇南部的上坪村，涉及17个村民小组，556户2 145人，是以种桑养蚕为主导产业，同时兼顾蚕桑资源综合开发利用、生态休闲旅游，形成一主多辅协调发展的现代特色农业（核心）示范区。

示范区自创建以来，严格按照“五化”要求进行建设，引进了自治区级农业产业化龙头企业——广西嘉联丝绸股份有限公司，成立农民专业合作社3个，发展省力化标准化养蚕大户55户，带动普通养蚕户556户（其中贫困户36户），形成龙头企业+合作社（协会）+基地+养蚕专业户（养蚕大户）+普通养蚕户（贫困户）的经营发展模式。示范区新建新优桑树品种苗木繁育中心30亩，引进桂桑5号、桂桑6号等桑树新优品种2个；建设桑树新品种示范园108亩，推广种植桑特优2号、桂桑优62、粤椹大10等特优品种。示范区全面推广桑园“五统一”和养蚕技术“五统一”，应用杂交桑速生密植丰产标准化桑园、桑枝伐条机、桑园管理微耕机、高效节水、水肥一体化、土壤改良提升、绿色防控与统防统治、智能无人直升机桑园喷药、自动上蔟、轨道式喂叶装置、水帘式空调、木制方格蔟及高效采茧器、蚕房紫外线消毒器等一系列省力化新技术新成果。核心示范区桑园面积3 276亩，拓展区面积6 250亩，辐射区面积21 000亩。示范区年养蚕16 380张，产鲜茧59万千克，收益2 520万元，可产生丝9.83万千克，茧丝加工产值3 675万元。

示范区还引进了广西五和博澳药业有限公司收购桑枝，加工提取“桑枝总生物碱”等天然产物活性成分，研制开发降血糖药等药物，让桑枝变废为宝，清洁桑园，增加农民收入；引进了宜州市桂恒旺科技有限责任公司收集蚕沙进行无害化处理，生产有机肥料，推进了蚕沙综合利用，改善了示范区的养蚕和人居环境。示范区内建成工厂化养蚕房2 000平方米、全自动小蚕共育中心500平方米、桑枝蚕沙收集处理中心1座、蚕沙无害化处理池4座，水肥一体化灌溉面积200亩。示范区充分利用冬季闲置蚕房，大力发展桑枝食用菌生产，年栽培桑枝食用菌20万棒。示范区实施村容村貌改造，新建篮球场、舞台等文娱设施，建成示范区大门、标志牌、观景台、桑蚕文化展示厅及长廊、休闲垂钓区、自行车绿道、稻田生态养殖示范基地、蓝莓基地观光园等旅游设施，村民文化活动丰富，促进示范区生态旅游的发展。

第三节　桑园田间管理

一、施肥

1. 肥料种类及用量

桑园使用的肥料主要有有机肥、无机肥、有机复混肥、微量元素以及叶面肥等。合理施肥，是实现桑园高产的主要途径。试验表明：每生产100千克桑叶需消耗纯氮1.9～2.0千克、磷0.75～1.0千克、钾1.0～1.13千克。

2. 省力化施肥

（1）全年二回施肥法。将全年的施肥量合并分二次，开20～40厘米深沟施入，上半年施肥量占全年施肥量的60%，下半年施肥量占40%。

第一次：冬伐后至发芽期，每亩施有机肥1 000～2 000千克（生物有机肥200千克），及复混肥（15-15-15型）80～100千克加尿素30千克。

第二次：夏伐后每亩施入复混肥（15-15-15型）60～75千克加尿素20千克。

桑园施肥

（2）水肥一体化技术。即是将灌溉与施肥融为一体的农业新技术。可选液态或固态肥料，如尿素、硫铵、硝铵、磷酸一铵、磷酸二铵、氯化钾、硫酸钾、硝酸钾、硝酸钙、硫酸镁等肥料；固态以粉状或小块状为首选，要求水溶性强，含杂质少，一般不应用颗粒状复合肥（包括中外产品）；如果用沼液或腐殖酸液肥，必须经过过滤，以免堵塞管道。

（3）叶面喷施。即是用水溶性肥料的溶液喷洒在桑叶上。当桑叶急需营养物质时，采用叶面喷洒可起到良好的效果。一般配比溶液为尿素0.5%、磷酸二氢钾0.2%、硫酸钾0.5%，在早晨或傍晚进行喷洒。

桑园水肥一体化

二、剪伐

1. 剪伐作用

桑树剪伐是增产桑叶的措施之一。通过剪伐可减少春期开花，促进营养生长，增加产叶量；通过剪伐可更新枝条，促进新梢旺盛生长，叶片大，叶质较好；通过剪伐还可以减轻病虫为害、方便收获管理。

2. 广西桑树剪伐方式

（1）全年采片叶的剪伐方式。每年剪伐两次。

① 冬伐。在冬至前后进行，实生桑平地剪或距地面10 ~ 20

厘米剪（发生花叶病的桑园采用冬伐留枝干30～40厘米的方式剪伐）。嫁接桑距地面30～40厘米的方式剪伐。

②夏伐。在7月中旬进行，离地面30～40厘米处剪伐。

桑树剪伐作业

（2）条桑育的剪伐方式。

①冬伐。冬至前后进行，剪留夏伐长出的健壮枝条10厘米左右。

②次年头造、二造。留当造新枝基部（约3个芽）剪收。

③第三造结合夏伐。距地面25～30厘米处剪伐。

④下半年头造。剪留当造新枝5～10厘米。

⑤下半年二造（末造）。采部分片叶，剪留当造新枝30厘米，尽量留较长段枝条过冬。

3. 剪伐注意事项

①晴天剪、剪口平、剪口避免开裂。

②剪除病枝、枯枝、细小弱枝。

③伐下的枝条及时搬出田间。

三、中耕除草

桑园土壤由于采叶、伐条、治虫等工作的人为踩踏或雨水淋渍，导致通气不良，保水蓄肥能力差，只有通过耕翻，使土壤疏松，有利于微生物的活动，促进土壤有机肥料的分解和土壤中矿物营养的释放，提高保水蓄肥能力。翻耕还能减少杂草和病虫害的发生，可结合除草、施肥进行。年翻耕1～2次，冬耕宜深，一般15～20厘米，春耕宜浅，深度一般为10～15厘米，夏耕宜浅，一般深度10厘米左右。

桑园中耕

〖知识拓展4〗——桑园管理好办法

桑园覆盖稻草能保水抗旱：每亩用稻草400千克，能增肥、保水保肥、防止水土流失，可使桑园增产15%，还能抑制杂草的生长。

桑园地膜覆盖：用黑色农用聚乙烯塑料薄膜覆盖桑园可抑制杂草生长，预防桑园肥水流失。减少表土板结，可实行隔年一耕甚至免耕，地膜覆盖后对害虫具有物理阻隔法防治效果。

桑园覆盖稻草

黑色农用聚乙烯塑料薄膜覆盖桑园

四、灌溉与排水

当桑园土壤水分适当时，桑树生长正常。生产上常常遇到时而土壤水分过多，时而土壤水分不足的现象，使桑树水分收支平衡失调，严重时引起桑树停止生长，甚至桑叶枯黄脱落，桑叶减产，叶质下降。为了取得桑园优质高产，在增施肥料的同时，应做好桑园的灌溉与排水工作。桑园灌溉的方法一般有以下几种。

（1）沟灌。开渠引水入桑园畦沟进行沟灌，待土壤湿透后再把余水排出。

（2）喷灌。喷灌是用机械压力把水变成水滴，从喷头喷出进行灌溉的一种方法。它既可以省水、保肥、保土，又可调节桑园的气温和湿度，特别是可以冲刷掉桑叶上的尘土和污染物，有减轻桑蓟马等为害的作用。对于减少大气氟化物污染，增产桑叶和提高叶质都有明显的效果。

（3）滴灌（地下灌溉）。滴灌是在行间埋入水管，水分通过水管上留出的细孔渗湿土壤，由桑根吸收利用。

开沟排水的方法：一般成片桑园四周开50厘米左右深沟，园内中部或积水地段开设40厘米左右腰沟，桑树每4行开设20～30厘米畦沟，沟沟相通，深沟与河道、蓄水塘或水库相通。

五、采叶

桑树待新梢长到70厘米以上时，才开始春秋蚕第一次采叶，采叶时一起采去下部弱小枝，每株留3～4条壮枝即可。每隔25～30天采叶一次，每次采叶要留枝条上部6～7叶，如仅留4～5片叶会使桑叶减产10%左右，秋蚕最后一批应留4～5片叶养树。只有在剪伐前才能采光全树叶片。

采叶时间应在露水干后的10时前、16时后或阴天进行，避免采高温叶。施化肥后要间隔15天以上才采叶喂蚕。应使用经过消毒的专用采叶箩装叶，做到松装、快运、快卸，以保持桑叶新鲜。装卸和运输过程中要注意避免桑叶受污染。采叶时避免损伤枝条皮层，条桑收获采叶剪口要平滑。

〖知识拓展5〗——果桑栽培技术要点

1. 品种选择

以鲜食桑椹为主，宜栽无籽大10和紫金蜜桑。以加工桑果汁等为目的，宜选用红果1号、红果2果等。

2. 果桑园的建立

要建立在没有污染的地方，避免灰尘等有害物质。土壤层厚度要在25厘米以上，土壤深度1米以上。采用嫁接育苗。

3. 栽植密度

无籽大10品种枝条较软，树形松散，采用行距150厘米、株距50～100厘米（每亩500～900株）形式；其他品种枝条直立，树形紧凑，采用130厘米×100厘米或130厘米×50厘米形式。

4. 栽培要点

（1）12月至次年2月为栽桑时期。整平土地，按行距挖50厘米深的沟槽，施入有机肥和磷肥。逐株等距栽植，栽后浇足水。

（2）开春桑树发芽前，距地面40厘米高平剪。6月初，对生长健壮的枝条留15～20厘米平剪，促发侧芽。当年加强水肥和防虫管理，使其快速成长。

（3）第二年春长成桑椹，5月至6月采果后，6月上旬定形修剪，每株选留3～4个粗壮枝，基部留长15～20厘米平剪，成为支干。支干上萌发新枝，即为下年结果枝。

（4）第三年以后，每年采果结束，将全部枝条从基部剪掉，使重发新枝。及时疏去过密的细枝、弱枝，集中营养长好枝。

（5）每年追肥2～3次。秋冬施一次有机肥800～1 000千克。开花结果期（3月底至4月初），每亩施进口肥15～20千克。此后，选用0.3%磷酸二氢钾等进行根外施肥，提高桑果含糖量和色泽。6月初剪条后施一次复合化肥。每年开春覆盖地膜，既能提早桑椹成熟，又能有效防除桑椹菌核病和椹瘿蚊为害，是桑果持续优质高产的重要技术措施。

5. 果桑桑叶利用

年可产桑椹1 000～1 500千克/亩，桑叶1 500千克/亩。第三年以后可合理利用桑叶养蚕。

6. 果桑菌核病的防治措施

（1）防治适期。以2月下旬开始，3月下旬前后结束为宜。

（2）防治方法。在花蕾初现时就用70%托布津1 000倍稀释液和50%多菌灵可湿性粉剂600～1 000倍交替喷雾，一般防治4次左右，每次间隔7～10天，在采果前半个月停止喷药，发现白果及时摘除异地深埋，以防再次传染。结合农业措施综合防治，同时结合科学的田间管理，减少发病概率。根据经验主要抓住两项措施，一是4月初要及时抹去结果枝以外的芽，4月下旬要将枝条下部桑叶采去，以增加桑园的通透性，减少发病率；二是合理施肥，除了冬季施有机肥外，春肥即促果肥，要以钾肥为主，以增强桑果的抗病能力，可用硫酸钾型钾肥（白色粉末），含K_2O>52%，效果明显。

第四节　桑树病虫害及防治

一、桑树虫害及防治

桑树害虫有200多种，为害成灾的有30余种。根据为害部位不同分为以下害虫种类。

（1）咀食叶片害虫。如野蚕、桑螟、叶甲、斜纹夜蛾、蜗牛等。

（2）兼食芽叶害虫。如桑毛虫、桑象虫、桑尺蠖等。

（3）吮吸汁液害虫。如桑瘿蚊、桑蓟马、叶蝉、桑粉虱、叶螨等。

（4）蛀食枝干害虫。如桑天牛、桑蛀虫、小蠹虫等。

（5）吸食枝汁害虫。如桑白蚧、桑虱等。

（6）地下害虫。如华北蝼蛄、小地老虎等。

（一）桑树芽部害虫

1. 桑象虫

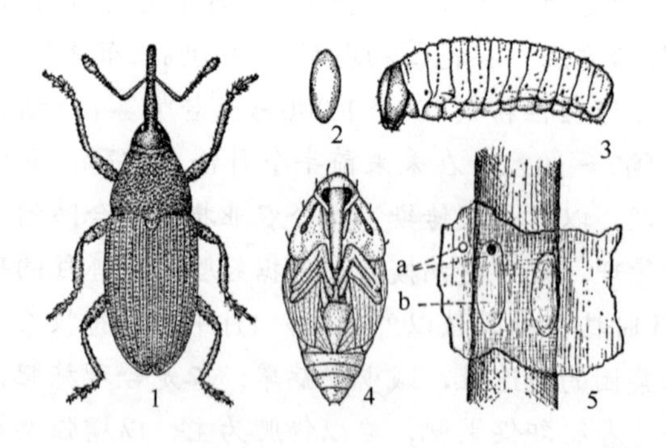

桑象虫形态特征

1.成虫；2．卵；3．幼虫；4．蛹；5．被害桑枝；a．羽化孔；b．蛹穴

桑象虫为害状

（1）桑象虫为害症状。成虫在春季食害冬芽、嫩芯、叶片、叶柄及嫩梢。夏伐后为害嫩芽，致使桑芽缺刻或穿孔，严重时常将整株桑芽吃光。

（2）桑象虫防治方法。

① 合理剪伐。为害严重区，提倡采用齐拳剪伐。

② 不用桑树做篱笆。

③ 彻底修剪枯枝枯桩。

④ 诱杀。夏伐后剪取桑枝30～60厘米，插于田间，诱集成虫产卵，然后集中销毁。

⑤ 药剂防治。春季越冬成虫出蛰初期，或夏伐后可全面喷洒40%乐桑乳油2 000倍液，或8%残杀威乳油2 500倍液，或60%毒死蜱乳油2 500倍液，或40%保桑灵乳油1 000倍液。

2. 桑瘿蚊

（1）桑瘿蚊为害症状。幼虫寄生于桑枝顶芽幼叶间，以口器锉伤顶芽组织，吸食汁液，造成顶芽弯曲畸形、凋萎黑变、造成枝条封顶。连续为害后，使桑树侧枝丛生、层层分杈，枝条矮短而致桑叶减产，减产幅度可达28%～50%。由于枝条封顶，叶质硬化变劣，还间接影响秋蚕的产量和质量。

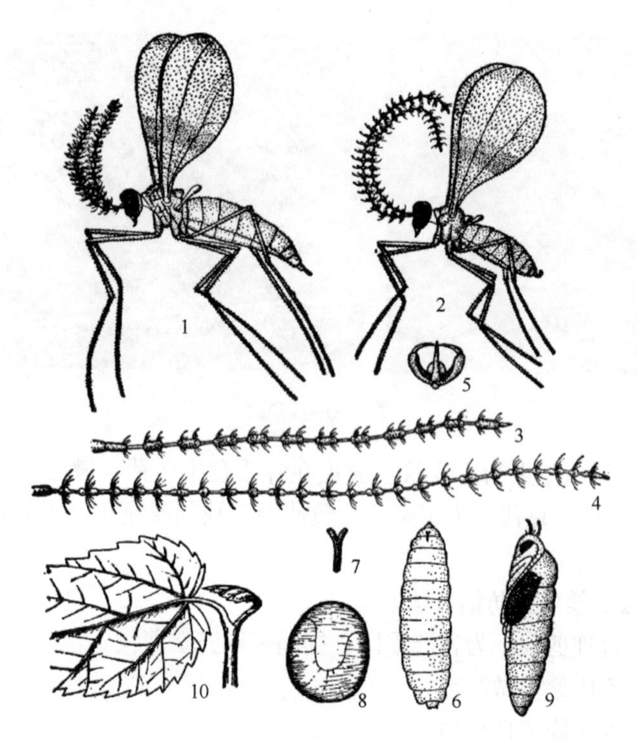

桑瘿蚊形态特征

1.雌成虫；2.雄成虫；3.雌虫触角；4.雄虫触角；5.头部；6.幼虫；7.幼虫触角；8.囊包；9.蛹；10芽被害状

桑瘿蚊为害状

（2）桑瘿蚊防治方法。

① 翻土削草杀灭幼虫和蛹。

② 地膜覆盖。夏伐后用塑料地膜进行全封闭式覆盖，可阻止老熟幼虫入土化蛹和成虫羽化出土。

③ 摘芯除虫。对春季发生的桑瘿蚊，在5月中下旬进行全面摘芯，摘下的嫩芯带出桑园集中处理。

④ 剪侧扶壮。对被害桑树应结合夏秋蚕采叶，剪除侧枝，使养分集中，促使枝条向上生长，以增加条长，减少损失。

⑤ 顶梢施药。于各代幼虫盛孵期，用80%敌敌畏乳油1 500倍液（注意：使用敌敌畏时要做好喷药人员的防护，并且尽量不要在中午或午后高温时喷药），或40%乐果乳油1 000倍液，或灭蚕蝇溶液800倍液，或20%灭多威乳油2 500倍液，或0.9%虫螨克乳油4 000倍液防治。

防治适期选择卵期至幼虫的幼龄期，被害芽还没有完全被损坏前，用40%乐果乳油800倍加80%敌敌畏乳油800倍的混合液（即乐果、敌敌畏各10毫升加水8千克）喷全部桑芽至湿透滴水，杀灭芽中虫体及虫卵，喷药后5天可用叶喂蚕（要先用少量蚕试验一下，观察是否有中毒反应）。正在养蚕期也要用药，但应选择对养蚕绝对安全的药剂，可用25%灭蚕蝇500倍（即按养蚕防治蚕蝇蛆病的使用浓度）喷桑芽至滴水，可杀死虫、卵。

（二）桑树叶部害虫

1. 桑螟

（1）为害症状：初孵幼虫多在叶背的叶脉分叉处取食，仅留上表皮。3龄后吐丝折叶使两张或两张以上叶子重叠，吐丝沿叶缘黏合，在内食害，仅留上表皮，被害叶常形成透明的灰白薄膜，俗称“开天窗”。

桑螟形态特征及为害状

（2）防治措施。

① 加强桑螟虫情测报。

② 安装诱虫灯诱杀桑螟成虫。

③ 药物喷杀。药杀最佳时期是幼虫1～2龄期。养蚕期间桑螟虫口多时，用80%敌敌畏1 000倍稀释液喷杀一次。桑螟成灾为害严重的桑园，桑树夏伐前和夏伐清园后各用90%灭多威可溶性粉剂加水喷杀。

2. 桑蓟马

（1）桑蓟马为害状。成虫、若虫大量锉吸桑园枝条中上部桑叶背面或叶柄表皮汁液，使桑叶出现连片失绿变锈褐色，桑叶硬化，叶质下降，用此类叶喂蚕极容易爆发蚕病。

桑蓟马及为害状

（2）桑蓟马防控措施。

① 及时全面清除桑园内及周边杂草，减少桑蓟马害虫栖息

场所。

② 科学合理安排养蚕批次和养蚕量，有计划采摘桑叶增强桑园通风透气。

③ 有条件的村、屯、农户进行群防群治，在统一时间实施药物喷杀桑蓟马害虫效果好。

④ 在桑蓟马害虫发生多代重叠并且为害严重的桑园，养蚕时节可在采叶后立即有计划地分片分区用8%残杀威可溶性粉剂，1 000～1 500倍喷雾，喷头向上均匀喷撒、喷湿桑叶叶背进行药物防治。

3. 桑叶虫

桑叶虫及为害状

（1）为害。成虫均为害桑树的春叶和夏叶，食成缺刻，严重时仅留叶脉。同时排出粪便污染下层梢叶。成虫食性杂。

（2）防治方法。

① 利用成虫的假死习性，于清晨摇动桑条，使叶虫落于盛肥皂水的脸盆或盛石灰的簸箕中。

② 晨露未干时用敌敌畏1 000倍稀释液喷洒。

③ 夏伐时留少量条叶不采不剪，进行诱杀。

4. 桑毛虫

（1）为害特点。以幼虫食害桑树芽、叶，尤以越冬幼虫剥食桑芽为害最严重，以后各代幼虫食害夏秋叶。初孵幼虫群集叶背，取食桑叶下表皮和绿色组织成膜斑状，4龄后分散取食，吃成大缺刻，仅留叶脉，严重时将全园桑叶吃光。幼虫体表的毒毛，触及家蚕时，可引起螯伤症，出现黑斑点；当触及人体时，则可引发皮炎，如大量吸入可致中毒。

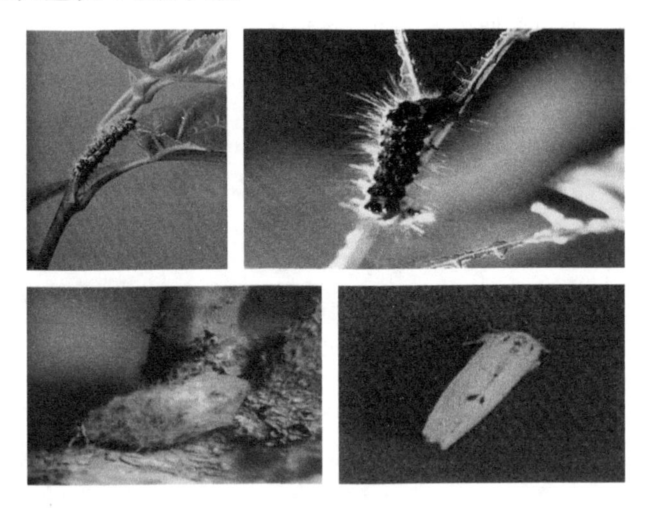

桑毛虫及为害状

（2）防治方法。

① 束草诱杀。越冬前束草于桑树主干或分枝上，诱集幼虫潜入越冬，次年春幼虫活动前解草处理，并注意保护天敌。

② 在各代桑毛虫盛孵期进行人工摘除卵块和群集幼虫叶片。

③ 药剂防治。越冬前治好“关门虫”，秋蚕一结束，即用药效较长的农药如40%毒死蜱乳油1 500～3 000倍喷雾；发生代可用80%敌敌畏1 000倍液、60%双效磷1 500倍液或50%辛硫磷1 000～1 500倍液喷杀。

④ 生物防治。

a. 保护利用桑毛虫绒茧蜂等天敌；

b. 应用桑毛虫性信息素预测幼虫孵化盛期，可指导适时防治。

5. 桑尺蠖

（1）为害特点。初孵幼虫群集叶背，日夜食害桑叶下表皮和叶肉组织，形成透明斑，4龄后沿叶缘向内咬食成大缺刻。越冬幼虫早春为害刚萌发的冬芽，吃空内部仅留苞片。感染家蚕微孢子虫的桑尺蠖，通过粪便传播可使家蚕致病。

桑叶被害状

行进中的桑尺蠖幼虫

幼虫

成虫

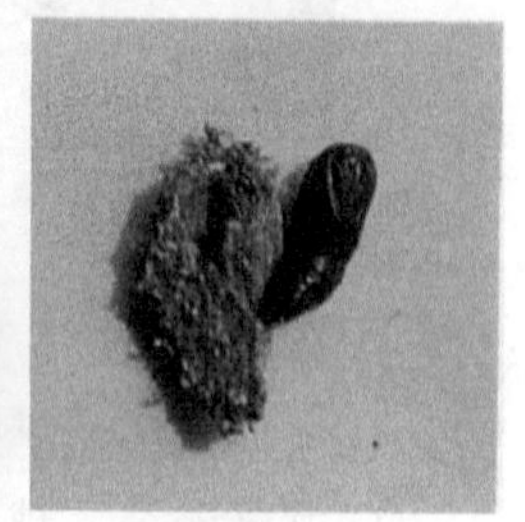
茧、蛹

桑尺蠖及为害状

（2）防治方法。

① 束草诱杀，同桑毛虫。

② 捕捉幼虫，桑树落叶后和早春冬芽转青前后捕捉最佳。

③ 药剂防治，参照桑毛虫，发生代喷药适期以桑尺蠖孵化高峰期至三龄幼虫期为佳。

④ 生物防治，对桑尺蠖天敌应加以保护利用。

6. 红蜘蛛

（1）为害状。成螨、若螨均在叶背吸食汁液，使叶组织萎缩，叶面出现变色斑点，严重时整个叶片呈灰白色，并干枯脱落。

（2）防治方法。

① 铲除杂草，深耕土地，破坏其越冬场所，减少越冬虫源。

② 药剂防治。螨害发生后，用73%克螨特乳油1 200倍稀释液或1.8%农克螨乳油2 000倍稀释液喷洒。

桑叶被害状

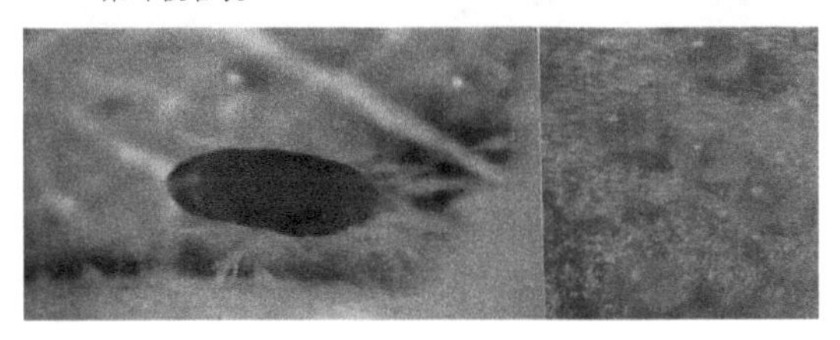

红蜘蛛及为害状

7. 叶蝉

（1）为害特点。成虫、若虫栖于叶背刺吸新梢及叶，吸吮汁液，初现小白点，后受害处变为黄褐色，严重的造成桑园一片黄褐，叶片枯焦，而无法食用。成虫把卵产在叶脉组织里，致叶脉受伤失水，桑叶硬化，影响产量和质量。

（2）防治方法。

① 剪梢除卵。为害严重桑树落叶后，剪去条长1/3。

② 冬季清除落叶杂草，消灭桑斑叶蝉越冬成虫。

③ 用频振式杀虫灯诱杀成虫。

④ 药杀成、若虫，夏蚕结束后，喷洒50%辛硫磷乳油2 000倍液或40%毒丝本乳油1 500倍液；蚕期如需防治用80%敌敌畏乳油1 000倍液或40%乐果乳油1 500倍液喷洒桑叶背面。

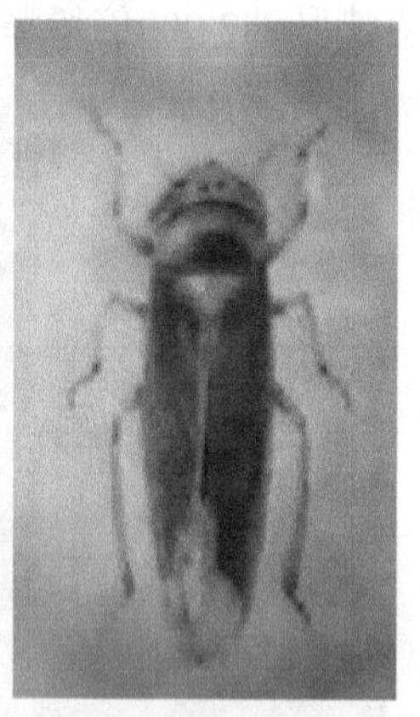

叶蝉及为害状

（三）桑枝干害虫

1. 桑天牛

（1）为害状。成虫取食一年生枝条皮层，一旦皮层被啃成环状，枝条即枯死。产卵时在新枝基部咬一个产卵穴，使枝条易被风吹折或枯死。

（2）防治。

① 在天牛成虫发生期，人工捕捉天牛成虫。

② 桑果园夏伐后用80%敌敌畏乳油30 ~ 50倍液塞入最下排泄孔，并用泥封口，也可用注射器向孔注药，或用棉签蘸80%敌敌畏乳油原液插堵新鲜孔道；或用铁线插入新鲜孔道刺死蛀虫。

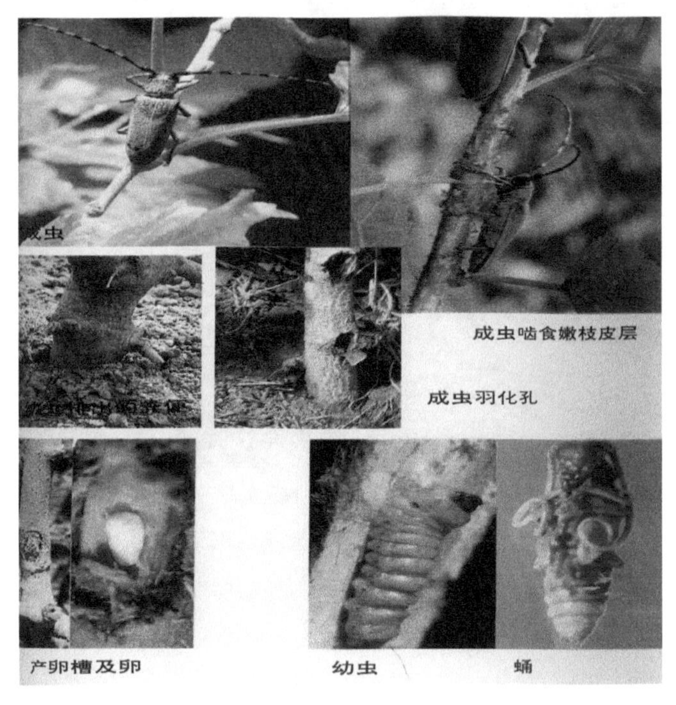

桑天牛及为害状

2. 桑白蚧

（1）为害状。成虫、幼虫寄生于枝干上，以针状口器刺入枝干皮内吸食汁液，严重时整枝覆满介壳，层层重叠，不见树皮，妨碍桑芽萌发，影响树势，以致逐渐枯死。

（2）防治方法。夏伐后用80%敌敌畏1 000倍稀释液加0.2%的柴油或洗衣粉，涂抹有介壳虫的树干和枝干。

树干、枝条被害状　初孵若虫

雄蛹　雌虫介壳　雌虫脱介

桑白蚧及为害状

（四）桑树地下害虫

小地老虎　蝼蛄　蛴螬

1. 小地老虎为害状

以幼虫为害幼苗，咬断嫩茎，幼龄幼虫常爬上新种桑树为害芽叶。

2. 小地老虎防治方法

（1）消除杂草、春耕多耙，消灭卵和幼虫；

（2）灯光或毒饵诱杀，亩用90%晶体敌百虫0.25千克对水少量，拌匀在25千克切碎的鲜草中，撒施于苗根附近，诱杀幼虫；

（3）用2.5%敌百虫粉每亩2.5千克，或90%晶体敌百虫800倍，或50%辛硫磷1 000倍喷药。

3. 地下害虫的农业防治

（1）改变地下害虫的适生环境。结合农田基本建设，适时翻耕，改造低洼易涝地，改变地下害虫的发生环境，这是防治的根本措施。

（2）除草灭虫。消除杂草可消灭地下害虫，成虫的产卵场所，减少幼虫的早期食物来源。

（3）灌水灭虫。在地下害虫发生时间，及时浇灌可有效防治。

（4）合理施肥。增施腐熟肥，能改良土壤，促进作物根系发育、壮苗，从而增强其抗虫能力。

（五）桑园常用农药

桑园常用农药见下表。

产品名称	主要防治对象	亩用药量	安全间隔期
维桑 60%敌畏·马	桑尺蠖、桑蓟马、桑螟、红蜘蛛、桑毛虫、桑粉虱、桑瘿蚊、斜纹夜蛾	对水50～60千克喷雾	4～5天

（续表）

产品名称	主要防治对象	亩用药量	安全间隔期
乐桑（毒死蜱）	桑象虫、桑毛虫、刺蛾、桑螟、桑蟥	对水50～60千克喷雾	18～22天
8%残杀威	桑象虫、桑尺蠖、桑毛虫、桑螟等中低龄害虫	3包，对水45～60千克喷雾	10～12天
33%桑宝清乳油	防治桑园多种害虫	1 000～15 000倍	不同季节为7～15天
40%护桑乳油（DDV+辛硫磷）	桑毛虫、桑尺蠖、桑螟等鳞翅目害虫	800～1 000倍液喷雾	5～7天
25%灭多威乳油（万灵）	防治桑尺蠖、野蚕、桑蟥等	1 000～1 500倍	一般7～10天
73%炔螨特乳油（桑宁）	成螨（红蜘蛛）若螨幼螨　螨卵	对水50～60千克喷雾	7～9天

桑园使用农药注意事项：

（1）操作方法上克服片面性。

（2）药品种选择上克服单一性。

（3）浓度配比上克服随意性。

（4）防治时间上克服不统一性。

二、桑树病害及防治

（一）桑树病害种类

桑树病害是指桑树因病原微生物侵染或不适宜的环境条件而导致的生长发育不良、桑叶产量减低和品质变劣的现象（重时可使植株死亡）。已知的大约150种桑树病害中，较严重的近30种。我区桑树病害主要有：桑花叶病、桑疫病、白粉病、赤锈病、轮纹病、桑枝枯菌病、紫纹羽病等。

桑树病害种类依发病部位不同分为以下几类。

（1）叶片病害。如萎缩病、桑疫病、赤锈病等。

（2）芽病害。如芽枯病。

（3）枝干病害。如断梢病、干枯病、白绢病等。

（4）根部病害。如紫纹羽病。

（5）生理病害。霜冻害、废气污染、药害、缩二尿中毒等。

（二）桑树常见病害及防治

1. 桑萎缩病

桑萎缩病主要有桑花叶型萎缩病、桑萎缩型萎缩病和桑黄化型萎缩病三种。

（1）病症。

① 花叶型。叶片皱缩并向上卷，侧脉间呈现斑驳花叶，在褪色斑处细叶脉变褐，在叶背的主脉或侧脉上常生有疣状和棘状突起。病枝有花椹。

② 萎缩型。叶片变小，略变黄，裂叶品种病叶常变圆叶，有时半张叶片变圆，半张不变，细叶脉常全变褐。叶片硬化早，枝叶丛生矮化较严重，叶片不很皱缩，叶背叶脉无疣状突起，病枝无花椹。发病严重时，根部发黑，细根腐烂。

③ 黄化型。叶片显著变黄，叶尖向下卷，叶背叶脉无疣状突起。叶片稍皱缩，枝叶丛生、矮化特别严重。病株一经夏伐，常生出非常瘦小的侧枝和叶片，簇生成团。2～3年枯死。病枝无花椹。

（2）防治方法。

① 加强检疫。

② 挖除病株。

③ 治虫防病，做好菱纹叶蝉治虫防病工作。

④ 选用高产抗病品种。如强桑1号、农桑14等。

⑤ 加强肥培管理，增强树势，提高抗病能力。

⑥ 发病较轻的病株，可采用两夏一春轮伐法，控制发病，减轻为害。

花叶型萎缩病

萎缩型萎缩病

黄化型萎缩病

2. 桑疫病

（1）症状。自春暖发芽后不久即开始发病，夏、秋期为害最重。为害叶片及嫩梢，在叶片上呈现点发性的近圆形病斑和多角形病斑两种。初期湿润性油渍状，呈半透明，稍后变为黑褐色。病斑周围的叶肉稍褪色，小斑可连接成大病斑，干枯时中央破裂，严重时叶片大部变黄色，易脱落，或全部变黑褐色而干枯。叶脉、叶柄、新梢被害后，上生暗黑色稍凹陷的细长条斑，常引起这部分畸形生长，叶脉被害时叶片显著皱缩。顶芽及嫩叶被害后，全部变黑枯死。枝条被害后呈现黑色点线状的小病斑和癌肿状病斑两种，在温暖潮湿的天气，病斑出现微黄色的细菌溢脓。

黑枯型

缩叶型

（2）防治方法。

① 及时剪除病条烧毁，发病重的桑树，可在春季进行降干剪伐，消灭病源。

② 加强桑园治虫，注意秋叶采摘，避免桑树枝叶造成伤口。风大的桑园附近可栽种防风植物，以减轻风害造成伤口，减少发病。

③ 可因地制宜地选种抗细菌病的高产品种。

④ 苗地发现细菌病的植株，要及时拔除烧毁，并用0.6%～0.7%的波尔多液喷洒防病，病条切不可作接穗用。

⑤ 发病初期可用噻菌铜、克菌丹等药进行喷药防治。

3. 桑褐斑病

田间为害状　　病斑放大

病叶

桑褐斑

（1）症状。叶上呈现不规则的病斑，病斑边缘暗褐色，中间淡色，病斑上环生白色或微红色的粉质块，即病菌的分生孢子盘，这种粉质块后期变成黑色。有时病斑中央破裂，形成穿孔，严重时病斑互相连接成大病斑，病叶不久枯黄脱落。

（2）防治方法。

① 摘除病叶，以减少越冬菌源，应在11月中、下旬和健叶摘去，不使病菌散发传播。

② 蚕沙应做堆肥，发酵后施用，以防蚕沙中残留的病叶带到桑园，扩大为害。

③ 酸性强的土壤，结合冬耕每亩施石灰30～50千克，可减轻发病。

④ 因地制宜地选栽高产抗病品种。

⑤ 药剂治疗。在发病初期，桑苗圃可喷0.6%波尔多液，桑园可喷65%代森锌可湿性粉剂200倍液、50%托布津可湿性粉剂或50%多菌灵可湿性粉剂800倍液。

⑥ 注意合理排灌、施肥，降低桑园湿度，增强桑树抗病能力，使不利于病菌繁殖，减少发病。

4. 桑青枯病（细菌性枯萎病）

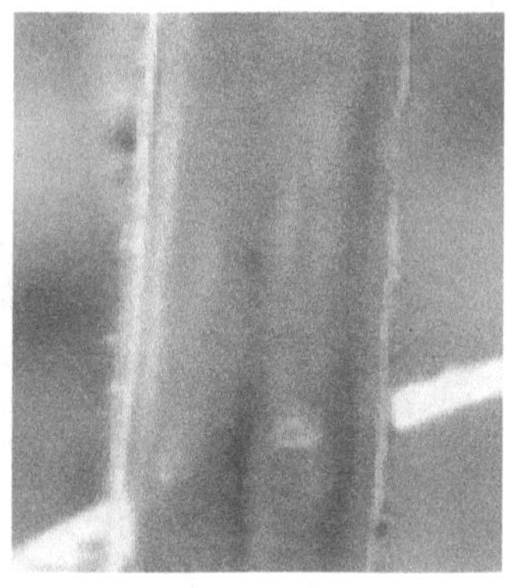

桑青枯病

（1）症状。细菌在维管束中蔓延，新植桑一般全株叶片同时出现失水凋萎，但叶片仍保持绿色，呈青枯状；老桑往往枝条中上部叶片的叶尖、叶缘先失水，变褐干枯，逐渐扩展到全株，死亡速度较慢。初发病时根的皮层外观正常，但根的木质部出现褐色条纹，随病势发展褐色条纹向上延伸至茎枝，严重时整个根的木质部全部变褐、变黑，久后腐烂脱落。

（2）防治方法。

① 青枯病菌多以土壤传播为主。前作发病地，可先种禾本科作物，再栽桑，或与禾本科作物轮作、水旱轮作等。发病重的桑园可改种甘薯两年后再栽桑。

② 及时挖除病株，病穴用1：100福尔马林或20%石灰水灌注消毒后再行补栽。附近的健株可用铜铵液灌注以防蔓延。

③ 注意田间排水，避免田间操作传染和根部创伤，施用硫黄粉或酸性肥料，调节pH值到6以下，可抑制发病。病田用过的农具应充分洗涤或用火焰消毒。

5. 桑赤锈病

（1）症状。为害嫩芽、叶片、叶柄、新梢，沿叶柄生圆形隆起病斑，呈橙黄色，后表皮破裂散出黄色粉末（是病菌的锈孢子），布满全叶，称金桑。病菌在病斑内越冬，由锈孢子传播。高温多湿的春、夏、秋发生较多，乔木桑发生较重。

桑赤锈病

（2）防治方法。

① 冬季剪去一年生病枝，春季及时摘除病叶。

② 注意桑园通风透光。

③ 发病初期喷洒0.4～0.5度石硫合剂加0.2%硫酸铁铵或200倍的65%可湿性代森锌或25%粉锈宁（三唑酮）可湿性粉剂1 000倍液或噻菌铜或苯醚甲环唑喷。夏伐后全园即喷洒25%粉锈宁（三唑酮）可湿性粉剂1 000倍液或噻菌铜，隔7～10天再喷，连喷2～3次。

6. 轮纹病

（1）症状。病斑多在中下部叶片出现，大小不等，叶面有淡黄色和红褐色鲜明的同心轮纹1～5道，病斑边缘有白色菌丝。

（2）防治方法。

① 合理安排采叶，增加桑园透光度；

② 施肥氮、磷、钾配比合理，避免偏施氮肥（小蚕用桑6∶4∶5；大蚕用桑10∶4∶6）；

轮纹病

③ 发现病叶摘除烧毁，发病初期喷洒70%甲基托布津或多菌灵1 000～1 500倍或噻菌铜水溶液喷雾。

7. 桑树断梢病

（1）病症。主要发生在春伐桑树新梢基部，当患有桑椹小粒型菌核病、椹柄逐渐变成黑褐色时，靠近椹柄的新梢基部皮层由内向外侵染，逐渐在外部呈现黑色斑点、斑块，渐渐扩展为周斑，斑长1～4厘米。病轻的病斑处产生愈伤组织，病重的病斑干陷，造成环缢，病变部分纤维组织坏死，韧度减退，枝条极易折断。

桑树断梢病

（2）防治方法。

① 因地制宜选育和种植抗病品种。

② 加强桑园管理。科学肥水管理，铲除桑园杂草，增强树势；在3月上中旬进行土壤翻耕，可破坏在土壤中越冬的病原体，减少桑树断枝病的侵入源；在桑树开花至青椹期可采用摘除雌花和青椹的措施，或者将春伐改成夏伐，也可取得满意的效果。

③ 药剂防治。在桑树盛花期喷洒70%甲基托布津可湿性粉剂1 000～1 500倍液或40%甲基托布津悬浮剂600倍液或多菌灵，连喷3次。

8. 桑里白粉病和污叶病

（1）症状。这两种病大多在秋季发生，发病后桑叶加速硬化，品质降低，采摘后容易干燥。桑里白粉病在叶背生白色霉斑，后期在白色霉斑中生黄色到黑色的小粒点。污叶病在叶背生煤灰色霉斑。两病常混生在一起，形成黑白相间的霉斑，在霉斑相应的叶片正面，也出现变色斑块。病菌在落叶或附着在枝干上越冬，随风雨传播。

（2）防治方法。

① 在落叶前，将病叶同健叶一起摘除，用作饲料或燃烧，减少越冬菌源；

② 秋蚕用叶时，应尽量先将枝条下部的桑叶摘下饲蚕，以减少发病；

③ 选栽强桑一号或农桑14等高产抗病品种；

④ 冬季结合治虫喷洒波美5度的石硫合剂杀病菌；

⑤ 白粉病发病初期可喷50%托布津1 000倍液或50%多菌灵1 000倍液，也可用2%硫酸钾或5%多硫化钡液。污叶病发病初期，苗圃可喷0.7%的波尔多液，桑园可喷200倍的代森锌。

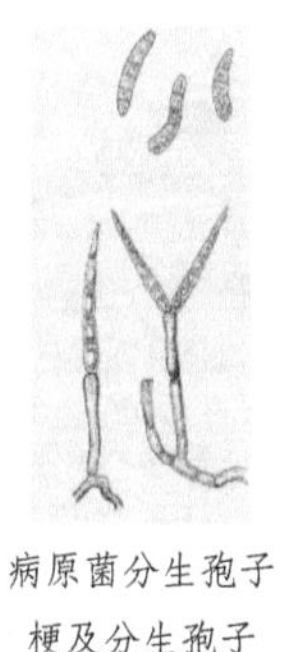

病原菌分生孢子梗及分生孢子

桑里白粉病和污叶病

9. 桑紫纹羽病

（1）症状。开始发病时，桑树生长衰弱，叶小发黄。发病严重时，先从枝梢先端或细小枝条开始枯死，根部变褐，皮层腐烂，剩下栓皮和木质部，上有紫红色的约1毫米粗细的紫红丝网和半球形的紫红色颗粒，是病菌菌丝形成的菌索和菌核。

（2）防治方法。

① 新辟桑园必须先了解前作是否发生过桑紫纹羽病，如前作发病的地块，应先种3～5年禾本科作物如水稻、玉米、麦类后再种桑树。

桑紫纹羽病

② 严格剔除带病桑苗，对有感病可疑的桑苗可用45℃的温汤浸20～30分钟。

③ 桑园中发现有少数桑树发病时，应及早挖除连同残根一起烧毁，病树周围的桑树也要去几株，挖去病株后，应先进行土壤消毒，再补种桑树。

④ 发病严重的桑园，应将病株掘起烧毁，改种禾本科作物，3～5年后再种桑树。

10. 桑根结线虫病

（1）症状。发病根上生有像豆科植物根瘤状的肿瘤，大小不一，一般如豆粒、谷粒，有时几个瘿瘤连在一起。细根常枯朽，造成树势衰落，枝条发育迟缓，叶形变小。桑根结线虫以成虫、幼虫、卵在土壤中越冬，通过病菌、农具、灌溉水等传播。

（2）防治方法。

① 严格检查桑苗，发现后应将肿瘤完全剪去烧毁，然后在45℃温汤中浸渍30分钟，杀灭遗留的线虫。

② 少数桑树发病的桑园，应将病树挖去后，进行土壤消毒，如烧土法等，也可换上无病的土壤；如桑园少量发病或轻微发病，可采用除瘤入泥，加强肥培管理，即在桑行两边开沟除瘤晒白，亩施石灰75～100千克，然后填土，可减轻为害。

桑根结线虫病

③ 普遍发病的地区，应改种禾本科作物，3～4年后再种桑树。

④ 药剂土壤消毒杀虫。对发病桑树，用80%二氯异丙醚乳油在病树四周穴施，穴深15～20厘米，穴距30厘米，每穴灌药5～8毫升，施药后覆土。或用10%克线丹颗粒剂，4千克/亩，均匀地撒施于树冠下5厘米深土层中。

11. 桑椹菌核病

桑椹菌核病

（1）病症。菌核侵染雌花，侵入雌花后，果肉肿胀，呈乳白色会灰褐色，捻破后可闻到腐烂臭气。

（2）桑椹菌核病的防控。

① 及时清除树上病果和落地病果，集中深埋。

② 土壤消毒。当气温达15℃左右，子囊盘开始出土时，是地面撒药的最佳时期。每亩用50%多菌灵可湿性粉剂4～5千克，加湿润的细土10～15千克，掺拌均匀后撒在田间，耙入土中，可抑制菌核的萌发和杀死刚刚萌发的幼嫩芽管，防治效果很好。

③ 喷药防治。在桑椹始花期开始喷药，连喷3次，每次间隔约5天。可参考用以下药剂：50%速克灵（腐霉利）可湿性粉剂1 000～1 500倍液，50%农利灵（乙烯菌核利）可湿性粉剂1 000～1 500倍液，40%菌核净（纹枯利）可湿粉剂1 000倍液，50%扑海因（异菌脲）可湿性粉剂1 500倍液，70%甲基托布津可湿性粉剂1 000倍液，50%多菌灵可湿性粉800倍液，每亩用药液40千克左右，安全间隔期5～7天。每年轮换或交替使用。

12. 桑树霜冻害

（1）症状。芽叶局部坏死变褐或芽叶皱缩、生长缓慢，长大的叶片上形成许多黄白色呈放射状的小斑点重者叶片甚至全芽黑褐色，叶片失水卷缩，日久脱落。

桑树霜冻害

（2）桑树冻害的预防：一是增加桑园有机肥和磷、钾肥的投入，以利增强桑树的抗寒能力，全方位减轻霜冻对桑树的为害；二是灾区宜推广发芽迟的品种；三是霜冻前1～2日桑园浇水或覆盖地膜，霜害后不伐条，可剪梢，加强肥水管理。

13. 桑树氟化物中毒

桑树氟化物中毒

（1）症状。受氟化物为害较重的桑树叶缘呈现褐色，污染严重的叶缘褐色向内扩展。

（2）防治方法。注意选择桑园地址，不要在工业污染区栽桑。不要在桑园附近建立排放工业废气的砖瓦厂及工矿企业。

14. 桑树缩二脲中毒

（1）症状。枝条梢端嫩叶变黄，略向叶面卷缩，质地粗硬，停止生长。

（2）病因。一次施用过多缩二脲超标的劣质尿素造成，施入后7天显现，15天左右最明显，30天左右症状消失。

（3）防治方法。桑园施用尿素实行少施多次原则，每亩每次不宜超过15千克，中毒后立即浇水，连浇数次，加速缩二脲流失。

桑病防治药剂及其使用方法

名称	防治对象	使用浓度及方法	注意事项
50%多菌灵可湿性粉剂	桑褐斑病、炭疽病等叶部病害	喷雾800 ~ 1 000倍	
四环素	桑萎缩性萎缩病、桑疫病、萎缩病	浸渍200 ~ 600单位，桑疫病喷雾60毫克/千克.	
65%代森锌可湿性粉剂	桑里白粉病、污叶病、褐斑病、赤锈病喷雾，芽枯病涂伤，拟干枯病	封口喷雾200倍液，涂伤500倍液，封口50倍液	
石硫合剂	桑白粉病、膏药病、锈病、介壳虫、红蜘蛛等	桑树生长期波美0.3 ~ 0.5波美度，休眠期4 ~ 5波美度	随配随用，不能与波尔多液混用
波尔多液	桑褐斑病、细菌性黑枯病、苗期炭疽病、桑表白粉病、里白粉病、赤锈病、芽枯病	0.6% ~ 0.7%石灰等量式，0.5%石灰倍量式	随配随用

（续表）

名称	防治对象	使用浓度及方法	注意事项
77%可杀得可湿性粉剂	适于防治多种真菌及细菌性病害	500～800倍	
50%扑海因可湿性粉剂	灰霉病、早疫病等病害	50克对水50～75千克喷雾，7～10天喷1次，连喷2～3次	
代森锰锌可湿性粉剂	霜霉病、炭疽病、褐斑病等	400～500倍液喷雾，连喷3～5次	
58%瑞毒霉锰锌可湿性粉剂（甲霜灵猛锌）	霜霉病、疫病	10～15天喷1次，喷2～3次，每次亩用77～120克（有效成分45～70克）	
50%克菌丹可湿性粉剂	轮纹病、炭疽病、褐斑病、锈病	600～800倍喷雾	
噻菌铜（龙克菌）	高效广谱：对细菌性病害特效，对真菌性病害高效	500倍	
速克灵50%可湿性粉剂	灰霉病、菌核病等	1 000～1 500倍液喷雾间隔7～10天喷雾1次，共喷1～2次	不能与石硫合剂、波尔多液和有机磷药剂混用

第二章　桑蚕饲养

第一节　桑蚕基础知识

一、蚕的生活史

桑蚕属完全变态昆虫，其世代经历卵、幼虫（蚕）、蛹、成虫（蛾）四个不同的发育阶段。蚕一般经过4眠5龄，一般1龄经过3～4天，2龄经过3天左右，3龄经过3～4天，4龄经过4～5天，5龄经过7～9天，二化性蚕的全龄期通常为20～26天。也有少数品种蚕发生3眠4龄或5眠6龄的现象。

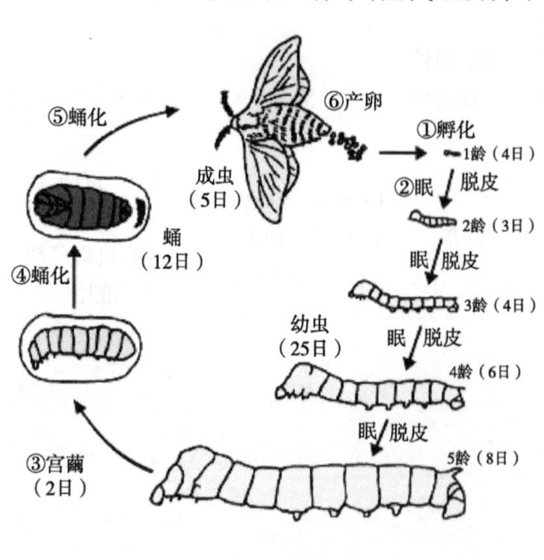

蚕的发育经过

二、蚕的生存环境

（1）温度。桑蚕是变温动物，其体温随外界温度的变化而变化。蚕发育的温度范围，因蚕品种发育时期而不同，最低发育起点温度大致是7.5℃，最高临界温度为37℃。蚕发育的有效温度为20～30℃，最适饲育温度为23～28℃，较高温有利于丝腺生长，提高茧质，但不利蚕体健康；较低温蚕生存率高，但茧质差，收茧量少。

（2）湿度。指空气中含有水分多少，一般用相对湿度表示。一龄最适湿度为90%，以后逐龄减少5%，至五龄为70%。小蚕偏暖湿，大蚕偏干燥，可降低减蚕率，提高结茧率。干燥环境下饲养，表现为蚕体弱小、茧质差；湿度高，蚕座潮湿，促进病原菌繁殖易引起蚕病发生。

（3）空气与气流。自然清新的空气使蚕生长发育良好。蚕如接触二氧化碳浓度达12%～13%时就会吐出肠液，连续接触15%的二氧化碳时就会死亡。其他的不良气体如一氧化碳、二氧化硫等接触蚕一定时间后会发生中毒。

蚕室需要适当的气流，随时能排出蚕室内产生的不良气体，并能促进蚕体水分的蒸发和降低体温。小蚕期只需适当的微气流，大蚕期则需要较大气流。

（4）光线。蚕对光线有趋光性。蚁蚕对15～30米烛光表现正趋光，超过100米烛光时表现负趋光；在同一龄期中以起蚕的趋光性最强，将眠蚕最弱，熟蚕以13米烛光时的趋光性最强。蚕对柠檬黄色光趋性最强，对红色、紫色最弱。直射或片面光线会造成蚕在蚕座内分布不均匀，局部温度升高，发育不齐，所以养蚕室一般采用散射光线，蚕座上以白天微明，夜间黑暗的自然状态为宜。

（5）营养。桑叶是蚕最有经济价值的饲料，桑叶的质和量，直接影响蚕体的强健和茧丝的产质量。小蚕用桑，以质地柔软，水分、蛋白质较多糖类含量适当者为宜；大蚕用桑以不过分柔软，水分较少，糖类较多，蛋白质适当为宜。对各龄蚕来说，特别是1～2龄，严格选采适熟良叶对保证蚕体质强健尤其重要。如1、2龄叶质差，往往蚕体质虚弱，以后即使选用好叶，也难恢复健康。生产上应科学培桑、合理收获和贮藏，提高桑叶质量，以符合蚕的生理要求，达到蚕壮茧优的目的。

三、广西主要推广桑蚕品种

（1）两广二号。夏秋用品种，具用强健、高产、优质、适应性强，全年都适宜饲养。

桂蚕二号

桂蚕N2

（2）桂蚕二号。具有体质强健、好养、高产、茧丝质优的优点。壮蚕食桑旺，花蚕、素蚕同时存在，眠起齐一，适宜春、秋季饲养。

（3）壮蚕1号（品种审定名“桂蚕N2”）。广西蚕业技术推广总站育成的适合广西及亚热带地区的抗血液型脓病较强的强健性夏秋用四元杂交桑蚕新品种。

〖知识拓展6〗——天然彩色蚕茧

天然彩色茧“彩茧一号”：由苏州大学选育，为春用二元杂交、天然有色茧丝特殊用途家蚕品种。

桂蚕H9：是广西蚕业技术推广总站选配育成的强健性夏秋用特殊用途家蚕新品种。2012年6月通过广西农作物品种审定委员会审定。

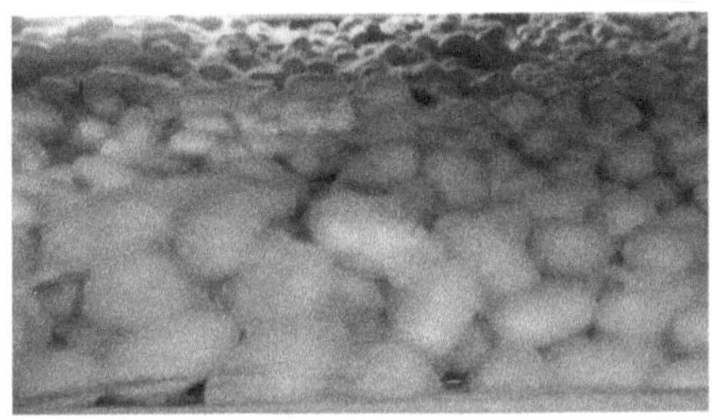

彩茧1号

桂蚕H9

第二节　小蚕共育

小蚕共育是由蚕室设备齐全，有相应桑园面积，技术过硬的养蚕户饲养小蚕，到3龄或4龄第二口叶后分发给蚕户饲养大蚕的一种分段养蚕法。

一、小蚕共育的优点

1. 节省成本

饲养一张蚕种（10克蚁量）可节省用工6 ~ 7个，节省1/3的桑叶，节省50%以上如燃料、蚕药、蚕具等的投资，一间20平方米蚕房可集中共育小蚕30张。

2. 提高蚕茧产量

小蚕共育由于采用标准化生产，饲育操作人员生产实践经验丰富、技术过硬；共育室面积标准，消毒彻底，可自动调控温湿度；采、运、贮、调及眠起操作到位。因此，参与共育的小蚕眠起发育整齐，不易遗失蚕，张种蚕头数多，蚕体强健，对不良环境的抵抗力强，不易发病。小蚕共育每张蚕种的蚕茧产量比自育小蚕的蚕茧产量增加3.0 ~ 3.5千克。

3. 推广新品种、新技术

由于小蚕集中于共育户饲养，方便蚕桑科技人员进村入户进行现场技术指导，推广适合该区域的新品种以及消毒、饲养的新方法、新技术，实现科技人员与农户技术上的无缝对接。小蚕共育是蚕桑产业实施标准化、规模化生产的前提。

推广小蚕共育技术，由于专业化饲养，消毒药物、劳力投入、工具折旧等劳动成本较低；实现大小蚕分批套养，资金周转快，提高了蚕茧产量质量，种桑养蚕增效明显，达到了养蚕户和共育室共同获利增收的目的。小蚕共育需选用责任心强、技术好的人负责管理和饲养，建立严格的管理制度，明确工作职责、防病卫生、质量检验等管理制度。建立跟踪服务技术指导，了解小蚕分发后生长发育及蚕病发生情况，指导蚕农做好饲养及防病工作。

二、小蚕共育室及用具的准备

1. 小蚕共育室的建设

选择周围环境干净、空气新鲜无污染，独立的地方建立。蚕室以建成坐北朝南偏西10度左右为宜。专用小蚕室需保温、保湿性能好。共育室安装水电，墙体地面六面光，有对流门、窗，利于调节温湿度及空气交换；有自动加温补湿设备，可根据饲养要求进行控温。育100张小蚕需小蚕室50～60平方米，配套建设相应附属室，如蚕具室、贮桑室、调桑室等，各附属室面积不少于20平方米，共育区大门设消毒池，蚕沙坑（4～6立方米）设在共育室下风处。

小蚕共育室选址与建设

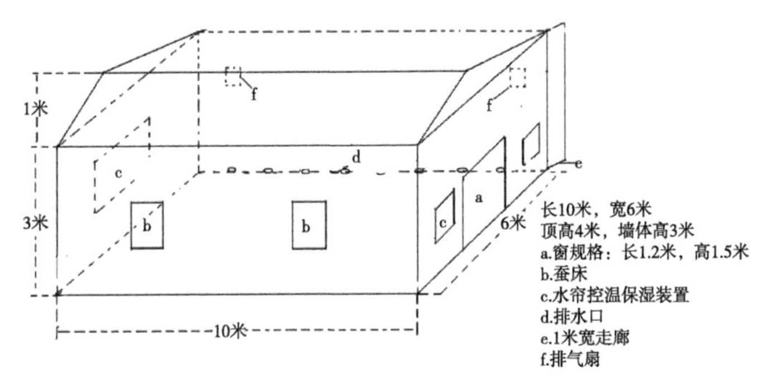

小蚕共育室简图

2. 建立小蚕专用桑园

桑园管理较规范，保证小蚕用叶质量。育100张小蚕（10克蚁量）应有小蚕专用桑园0.7公顷，小蚕用桑园的防病治虫工作要力求以农业防治和物理防治为主，少喷农药，以免造成起小蚕中毒现象，根据虫情，及时喷施短效农药。冬施腐熟农家肥，及时追肥，氮磷钾施放比例为6∶4∶5为宜。秋天干旱季节及时灌溉抗旱，清理田间地头杂草。

3. 配套蚕具

小蚕共育室需按共育小蚕的规模配置以下物件或蚕具（以共育100张为例）。

送蚕车一部、高压清洗消毒机一台、电动切叶机一台、加温补湿及排湿设备一套、小蚕饲育框（1.0厘米×0.8厘米）400个、小蚕网800张、塑料薄膜若干张（视蚕框堆叠高度定），以及相应的蚕座纸、给桑篮、鹅毛、蚕筷、温度计、塑料拖鞋、工作服、漂白粉、石灰、防僵粉等。

蚕室高压冲洗消毒机

气压式电动干粉消毒机

切桑机

叠式木蚕框

叠式塑料蚕框

小蚕运输车

除沙网

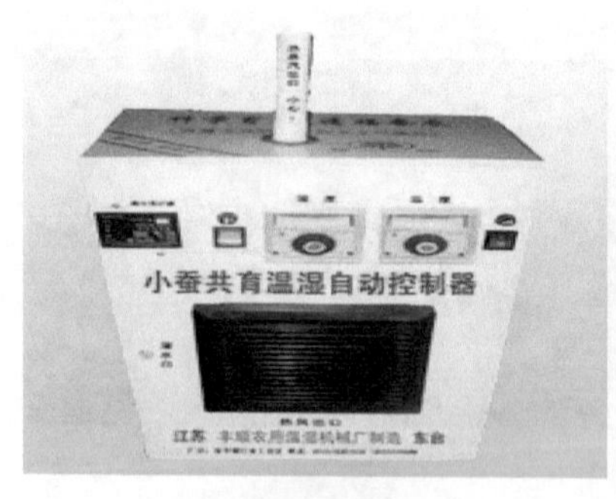

加温补湿器

小蚕共育室塑料薄膜饲育箱（柜）

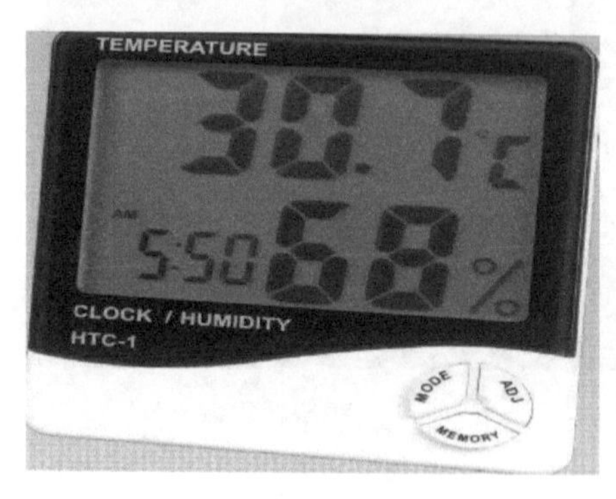

电子温湿度计

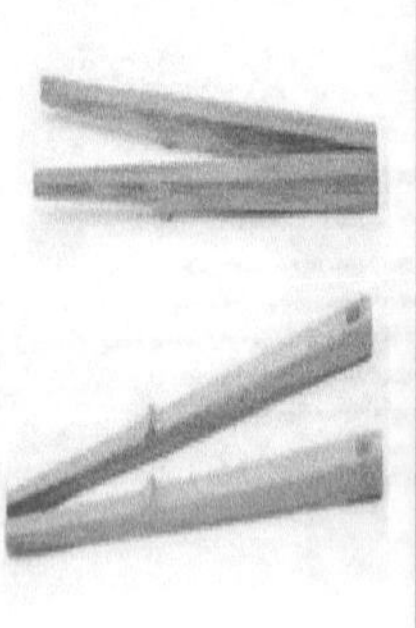

蚕筷

鹅毛

三、消毒

消毒是应用物理、化学的方法来消灭外界环境中的各种病原物，控制和预防各种传染性蚕病的发生。

常用的消毒方法有机械消毒法如清扫、洗刷、透风等，物理消毒法如太阳光紫外线照耀、煮沸、高压蒸气熏蒸等，化学消毒法如漂白粉、石灰等。

小蚕共育蚕室的消毒一般要进行两消一洗。

消毒可分为：蚕前消毒（催青或养蚕前3天进行，对蚕室、蚕具及周围环境消毒）、蚕期消毒（养蚕期间进行的消毒，对蚕体、除沙后地面、桑叶消毒）、蚕后消毒（每发完一批小蚕后进行，对蚕具、蚕室的消毒）。

1. 养蚕前消毒

（1）共育室消毒。

① 打扫和清洗。

② 含氯制剂全面喷洒消毒（第一次消毒）。

a. 蚕室面积、容积计算。

蚕室面积计算：＝（长×宽＋长×高+宽×高）×2

蚕室容积计算：＝长×宽×高

b. 确定用药量。一般每100平方米用消毒液25千克

c. 配制消毒液（以漂白粉为例）。漂白粉主要成分为次氯酸钙，含有效25%～30%，性质不稳定，可为光、热、潮湿及CO_2所分解。故应密闭保存于阴暗干燥处，时间不超过1年。如存放久，应测实际有效氯含量，校正配制用量。漂白粉精的粉剂和片剂含有效氯可达60%～70%，使用时可按比例减量。

漂白粉能有效杀灭病毒病、细菌病、真菌病、微粒子病等的病原菌。主要用于蚕室、蚕具、贮桑室地面、有蚕的蚕室地面、桑叶、蚕体的消毒。

用于蚕室、蚕具消毒时，配制成含有效氯为1%的澄清液喷雾或浸渍消毒，用量为250毫升/平方米，保持湿润半小时以上。在阴天或傍晚进行。

漂白粉液的配制可按下面公式计算：

$$\text{加水量}=\text{原药量}\times\frac{\text{原药浓度}-\text{目的浓度}}{\text{目的浓度}}$$

如现市售的漂白粉其有效氯含量约为30%，配制成1%的使用浓度，即是1千克漂白粉应加水29千克。

配制方法：先称取所需的漂白粉量和应加水量，然后取少量水先将漂白粉调成糊状，再加水搅拌均匀，静置半小时后即可用其澄清液消毒。

使用漂白粉注意事项：漂白粉必须用塑料袋装好密封贮藏，药液随配随用，不能久放；漂白粉有腐蚀性和褪色作用，不能接触铁器、纤维织物；消毒后的蚕具不需用水再洗，以免被水中病原菌再污染。

③ 烟熏消毒（第二次消毒）。小蚕室经第一次氯制剂喷洒消毒后的第二天，选用烟熏宝、烟消灵等烟熏剂，按0.5克/立方米，小蚕室生烟密闭熏6小时。

（2）周围环境的消毒。养蚕前，要事先清理小蚕室外水沟，在给小蚕室进行消毒的同时，对室外水沟、周围的走道、室外的门窗等用氯制剂消毒液或石灰水进行全面喷洒消毒。

（3）蚕具消毒。蚕框及塑料蚕网、给桑篮、拖鞋等用含有效氯1%的漂白粉溶液浸泡消毒半小时，取出晾干待用。小蚕具如收蚁用尼龙蚕网、蚕筷、鹅毛等用水蒸煮沸半小时后晒干或晾干。

使用化学消毒法时应注意的事项：液状态消毒剂，并且应使化学消毒剂与分泌物中的微生物直接接触；使用足够浓度的消毒剂；用足够时间；注意消毒剂能起作用的温度。

2. 养蚕期消毒

（1）蚕体蚕座消毒。收蚁前（或后）用防病一号（聚甲醛散）均匀地薄撒在蚁体上进行蚁体消毒，以后每天早上小蚕给桑前也要撒用防病一号进行蚕体蚕座消毒。另外，在易发生僵病期，小蚕可用含有效氯浓度为2%的漂白粉石灰防僵粉（必须按标准配制，否则害蚕）作为蚕体蚕座消毒剂，在起蚕饷食前均匀地薄撒于蚕座上。蚕眠定要撒新鲜熟石灰粉，以保证蚕座相对干燥，减少病原菌繁殖，促进小蚕眠好。

新鲜熟石灰粉泡制方法：先用石灰加水化成石灰粉（约5千克

生石灰加水2.5～3.0千克）过筛后，冷却后过筛，待5天后用于小蚕蚕座消毒，可与漂白粉配制成漂白粉防僵粉用于蚕体消毒。

（2）贮桑室地面及走道消毒。使用浓度为有效氯0.3%～0.5%，每天或隔天扫除残叶后喷洒消毒。

（3）除沙后小蚕室地面消毒（有蚕时）。用浓度为有效氯含量为0.3%的漂白粉液或1%的石灰浆喷洒消毒地面及走道（注意不喷对蚕）。

（4）桑叶消毒。饲养原蚕的，小蚕用叶都得经消毒后才能喂饲。丝茧育小蚕期如遇到用叶不够清洁（如虫、粉尘污染）时可使用浓度为有效氯含量为0.3%的漂白粉液清洗消毒，50千克消毒水可消毒桑叶45千克，分三次清洗，每次15千克，晾干才喂蚕。也可于采叶前直接喷于桑树后捡叶。

3. 发蚕后消毒

（1）整理蚕具，清洗、晾晒。

（2）打扫蚕室，冲洗。

〖知识拓展7〗——正确使用石灰

① 新鲜的熟石灰粉才具有消毒作用（建议使用经水泡发成粉后第5～20天熟石灰粉为宜）。石灰块要用塑料袋装好，扎紧袋口密封保存。泡发好的石灰粉冷却后过筛，于瓦缸中封存待用。

② 石灰块泡成石灰粉后，要过筛，防止有小的石灰块对蚕体造成伤害。

③ 用石灰粉与漂白粉配比防僵粉时一定要注意严格按照标准比例配比，并且要混合均匀。

④ 石灰粉不可与防病一号、蚕座净等防僵粉混合使用，否则会降低药效。

⑤ 如遇雨天喂湿叶时，不要撒石灰粉后立即给叶，否则石灰

粉会粘在桑叶上，影响蚕食桑。

⑥使用石灰粉进行蚕体、蚕座消毒时，一定要均匀撒在蚕座中，以一层薄粉最佳，撒得不匀或过多，有可能造成不蜕皮蚕的发生。

四、蚕种催青

1. 催青的意义

把已经活化的蚕卵保护在合理的环境条件下，使胚胎顺利地向生产所需要的方向发育直至孵化。由于蚕卵在孵化前一天卵色变青，故称催青。催青经过时间一般春期10～11天，夏秋期约9～10天。蚕种通过催青可以使孵化齐一，孵化率高，蚁体强健，茧质优良，并能按预定日期收蚁饲养，为获得蚕茧优质高产打下基础。

2. 催青期蚕卵胚胎各发育阶段的形态特征

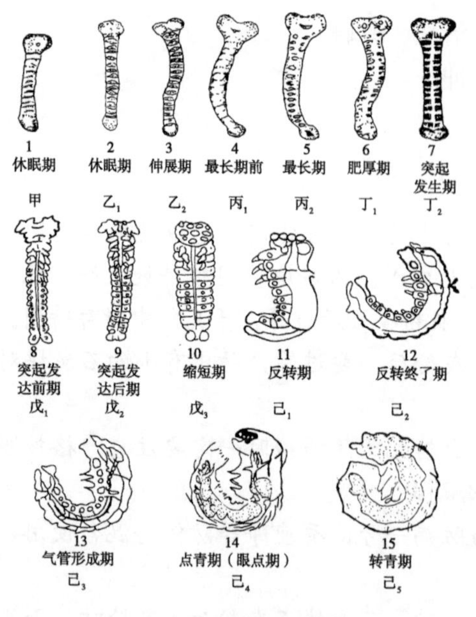

丙$_2$是催青的起点胚胎；戊$_3$是催青中化性转变的开始，己$_4$是点青胚子。

蚕卵各期胚子形态

3. 二段法催青技术处理（见下表）

从蚕种出库日算起1～4天温度22.5～24℃，相对温度75%，自然光线，后期5～8天，25～28℃自然光线，相对湿度80%，点青90%后，用绵纸包好，用黑布遮黑保护至第三天（40小时左右）早上6时开灯感光，8—9时收蚁。

催青标准（二段）（二化X二化）

项目	发育期		
	初期（出库—$丙_2$）	中期（$丙_2$—$戊_2$）	后期（$戊_3$—$己_5$）
日数（日）	1	4	6
目的温度（℃）	15～18	22.5～24	25～28
目的湿度（%）	80	75	80
光线	自然光线		每天感光17～18h

平附种转青卵

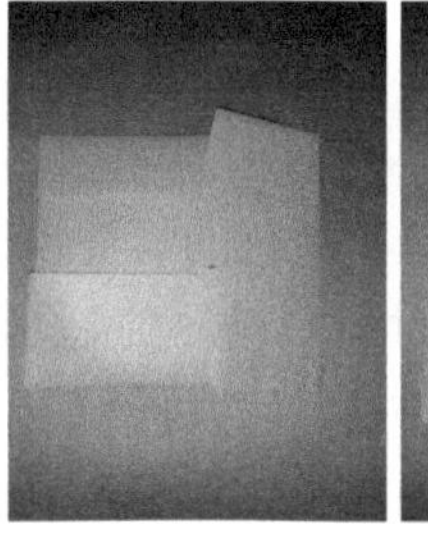

包种

遮黑

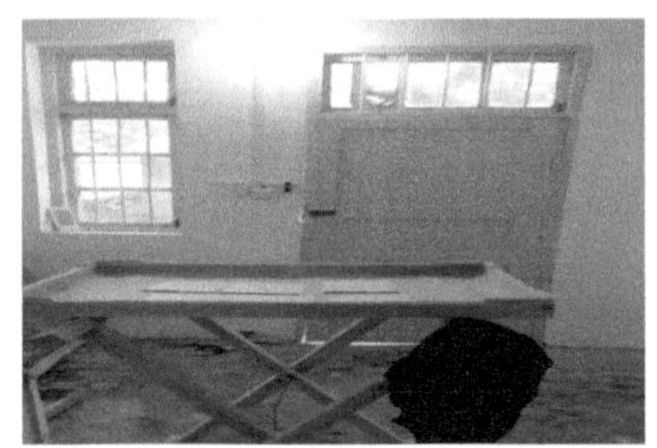

感光

4. 蚕种催青环境计算机测控智能系统的应用

蚕种催青环境计算机测控智能系统是利用现代计算机技术、电子集成技术、测试技术、智能化技术、数据库技术及通讯网络技术建立的一个软硬件相结合的平台，实现了对催青环境中温度、湿度、光照强度、CO_2浓度等要素进行全程动态测试和自动调控。

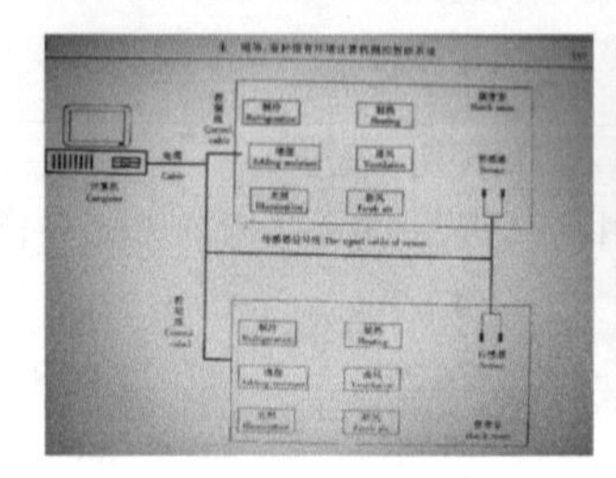

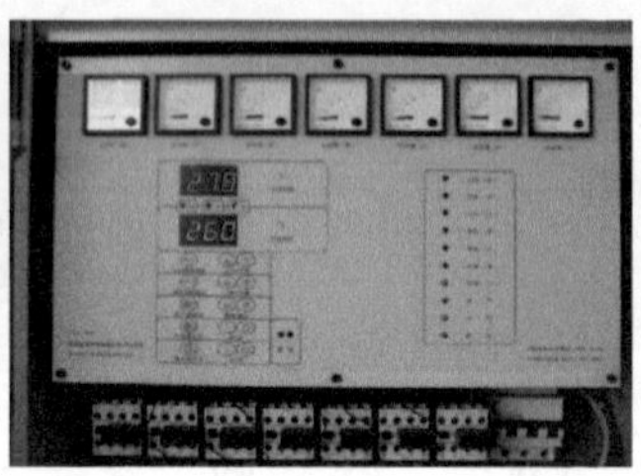

蚕种催青环境计算机测控智能系统

五、收蚁

（1）收蚁。把孵化的蚁蚕收集到蚕座上开始给桑饲养的过程。

（2）收蚁时刻。春蚕在上午8—10时，夏蚕在上午7—8时。

（3）收蚁方法。

① 平附种采用桑引结合打落法。将收蚁叶直接撒在已出蚁的蚕种纸上，等待蚁蚕爬上桑叶后，即翻转敲打击落，然后整理蚕座，第二口叶喂前撒上“小蚕防病一号”蚕药消毒蚕体。

桑引法

② 散种采用网收法。在摊平的卵面上盖两张小蚕网，在上面的网上撒长方形叶，过10～15分钟蚁蚕爬上后，把上面的一张网提到另一放好蚕座纸的蚕框内，给2～3次桑后整座。

六、小蚕饲养

1. 桑叶选择

小蚕用叶标准是：收蚁叶（第一口叶）选用黄中带绿的桑叶，手感柔软，顶芽下第2～3片叶；第二口叶以后和二龄饷食采3～4位叶（绿中带黄）；二龄第二口叶以后和三龄饷食采顶芽4～5位叶，三龄采第5～6位叶及三眼叶。不采过老叶、泥污叶、黄叶、虫口叶。收蚁叶采摘时不带叶柄、叠放整齐，桑叶要散装，不堆积。

各龄用叶

养蚕要避免使用不良叶，不良桑叶是指物理性质或化学性质对蚕的营养生理不利的桑叶。避免人为造成不良叶的措施：一是桑叶随采随运、轻装快运；二是增加喂蚕次数和给桑量；三是不采农药残留叶，桑叶贮藏不宜过久，不湿叶贮藏，不蒸热贮藏；四是对光照不足叶采用隔行采或伐条，采下的桑叶放在低温多湿无气流的场所24小时以改善叶质。

2. 小蚕饲养过程

小蚕常采用叠式蚕框育形式。一般每天喂叶三次，可安排在6—7时、14—15时、21—22时喂。1～3龄切叶给桑，一般用桑叶切叶机进行切叶，1龄、2龄方块叶，3龄及4龄起蚕三角叶。桑叶大小根据蚕的生长发育调整，以蚕体长的1.0～1.5倍为宜，收蚁时为0.2厘米×0.2厘米，1龄为0.5厘米×0.5厘米，2龄为1厘米×1厘米。根据品种及蚕体的生长发育不同时段合理给桑，眠起及少食期给桑量偏少，盛食期给桑量偏多。每次喂叶量1龄1.5～2层，2龄2～2.5层，3龄2.5～3层。

下面以两广二号在温度为26～28℃、相对湿度为85%～95%的条件下饲养为例，介绍小蚕的饲养过程。

（1）1龄蚕饲养过程。1龄蚕的饲养时间为3天零6个小时，上午8时收蚁，收蚁后整座、匀座、补叶，在给第二次桑前用小蚕防病一号进行蚕体消毒。第三天6时给桑前在蚕体上撒一层薄薄的石灰粉，然后加眠除网。第三天10时在给桑前提网进行眠前除沙，此时蚕进入催眠期，适当减少给桑量，19时左右蚕基本眠定后薄撒石灰粉止桑。

（2）2龄蚕饲养过程。2龄蚕的饲养时间为2天20小时，14时蚕饷食后进入2龄第一天。饷食前用小蚕防病一号消毒蚕体，加起除网，约过5分钟后给桑饷食，当天20时给桑前起网除沙。第二天20时给桑前薄撒一层石灰粉，加眠除网，第三天8时进行眠前除沙，14时左右进入催眠期，16时左右基本眠定，薄撒一层石灰粉止桑。

（3）3龄蚕的饲养过程。3龄蚕的饲养时间为3天零6小时，10

时蚕饷食后进入3龄第一天。饷食前用小蚕防病一号消毒蚕体，并排加两张起除网，约经5分钟后给桑饷食，14时给桑前进行起除及分框。第二天20时给桑前薄撒一层石灰粉，加眠除网；第三天8时进行眠前除沙，11时左右进入催眠期，14时左右眠定，薄撒一层石灰粉止桑。

小蚕自动给桑机

3. 温湿度调节

用接触器和自动控温仪、加热器、自动补湿机配套成自动加温补湿系统，严格控制好蚕室的温、湿度。1龄温度28℃，相对湿度85%～90%，2～3龄温度为26～27℃，相对湿度80%～85%。精确掌握各龄温度，可保证小蚕正常发育、眠起规律，保证日眠。小蚕期间采用尼龙薄膜防干育，1～2龄用有孔薄膜下垫上盖，3龄只盖不垫，喂蚕前揭开薄膜通风换气。

高温多湿时，加强通风换气，适当减少单位面积饲养量，或用排气扇排除湿气。当温度过低时则需加温，如用木炭或煤加温要注意换气，防止人、蚕中毒。干燥时喷净水于地板及四周墙壁，并在室内悬挂湿布；湿度大时（如室内玻璃窗上出现水珠），则需打开排气窗排湿，也可用排气扇强制室内空气对流来排湿，每天早上撒石灰等吸湿材料来排湿等。

4. 除沙

存积在蚕座中的残桑、蚕粪等称为蚕沙。蚕沙在蚕座中堆积过多，成为微生物滋生的场所，对蚕生长不利，除沙是养蚕过程中重要的保健措施。一龄一般不除沙（应视情况眠除）；二龄起除一次，并结合分框，二龄蚕框可用纸垫而不用薄膜（建议眠除）；三龄起蚕除沙一次结合发蚕。

5. 眠起处理

（1）适时加眠网进行眠除，1龄加眠网适期为大部分蚕体呈炒米色时，2龄加眠网适期为有“驼蚕”现象，大部分体色由青灰转乳白时，3龄加眠网适期为大部分蚕体色由青灰色转为乳白时。

（2）做好催眠期良桑饱食，促使眠性齐一，催眠叶切叶偏小，最好切成丝叶，叶量适当少些。

（3）严格提青分批，如发育开差较大，如大部分蚕眠10小时后仍有少数蚕未能入眠，则撒新鲜石灰粉隔离眠蚕，加网撒长条叶进行提青分批。

（4）眠定后向蚕座撒新鲜熟石灰粉，促蚕座相对干燥，防早起蚕偷吃剩叶。

（5）适时饷食。当蚕全部蜕完皮且有98%以上的蚕头部由淡白色转为淡褐色，呈觅食状为饷食适期。饷食量按上一龄期盛食给叶量的80%喂叶，饷食用叶要新鲜。见起蚕后不要超过12小时才喂蚕。2龄饷食时间在17：00—19：00，3龄饷食在15：00—17：00，可控制日眠，并通过控制收蚁时间、调节目的温湿度及给桑量来实现日眠。

6. 蚕体蚕座消毒防病

蚁蚕用“防病一号”进行蚁体消毒，各龄饷食前及每天早上扩座、匀座后撒一次小蚕“防病一号”进行蚕体消毒。止桑用新鲜石灰粉进行蚕体消毒。

7. 及时扩座、匀座

小蚕生长快，为了使蚕取食均匀、发育整齐，须及时扩座。方法是将密集的蚕带叶夹往蚕座边或稀疏处，保证每头蚕有两头蚕的活动空间，盛食期蚕座面积达到龄期最大面积。蚕座面积以每张蚕种10克蚁量计，收蚁当天为0.12～0.14平方米，1龄时为0.7～0.8平方米，2龄时为2.0～2.2平方米，3龄时为5.0～5.2平方米。

8. 发蚕

小蚕养至3龄第二口叶时发送到蚕户家继续饲养，分蚕时每框蚕头要基本均匀，蚕大小均匀，无死蚕，并做好发蚕场地消毒，避免日晒、雨淋，避免高温时段发蚕，一般要求在中午11时前发送完蚕。发蚕后的蚕具做到及时收集、消毒和清洗。

9. 小蚕期日常防病措施

（1）已消毒的蚕具要放回蚕室内保管好。

（2）进入蚕室要换鞋，不让外人入蚕室。

（3）每次采叶、喂叶前要洗手；喷农药后要洗澡后方可入蚕室喂蚕。

（4）注意淘汰病弱蚕，并集中于石灰缸内，蚕沙不要乱撒，集中于蚕沙池中。

养好小蚕技术要求：“温湿宜、叶质优、蚕座匀、防病严、眠起齐”。

〖知识拓展8〗——伏沙蚕

伏沙蚕是指蚕座中埋伏于残桑下的蚕。出现伏沙蚕的主要原因，一是给叶过多，上一口剩叶较多且新鲜，下一口继续喂叶盖蚕；二是扩座时将蚕儿与蚕沙一起成堆外扩，不整散整平；三是蚕座温度偏低或室内温度不稳定，变化较大。

伏沙蚕容易感染蚕病，导致小蚕遗失，造成蚕茧量降低，饲养过程中要按要求做好蚕室温度的调节，尽量避免过高或过低温度下饲养；做好扩座、匀座、平座工作，给叶量适量均匀；同一餐喂饲的桑叶要老嫩齐一，以确保小蚕发育整齐。

第三节　大蚕省力化饲养方法

一、大蚕室的建设

（1）标准大蚕室的建设。标准蚕房采用水泥砖墙体、钢架、彩钢板或水泥瓦盖顶结构，泡沫板隔热，水泥硬化地面，做好排水设施，配套安装水帘控温保湿系统，喂叶轨道平台，自动上蔟、省力采茧等室内养蚕设备。一般每间建成长12～25米，宽8～10米，顶高5～6米，面积为100～300平方米较合理，避免面积过大，造成室内气象环境调节困难。每4～5亩（1亩≈667平方米。下同）桑园建造面积约80～100平方米的大蚕室。

（2）简易大棚的建设。可购买工厂水管预制整套大棚，也可利用毛竹、南竹、塑料布和稻草自己搭建。东西向，南北对流窗，利于通风、采光，使棚内温度一致。搭建好大棚毛竹框架，再盖上塑料薄膜，外覆草帘，草帘厚度2～3厘米为宜。要留有对流窗，必要时还要安装排气扇和电风扇强制空气对流。活动门用木框稻草或薄膜做成，防地板潮湿。大棚四周开挖排水沟，防雨水倒灌浸入。防止老鼠、蚂蚁等为害。大棚要注意调节棚内气象环境，室外温度高时，天晴盖严草帘，只留通风口，棚顶盖遮阳网可洒凉水；如外温低，天晴时可以去掉部分草帘，盖好四周塑料薄膜，以利保温。

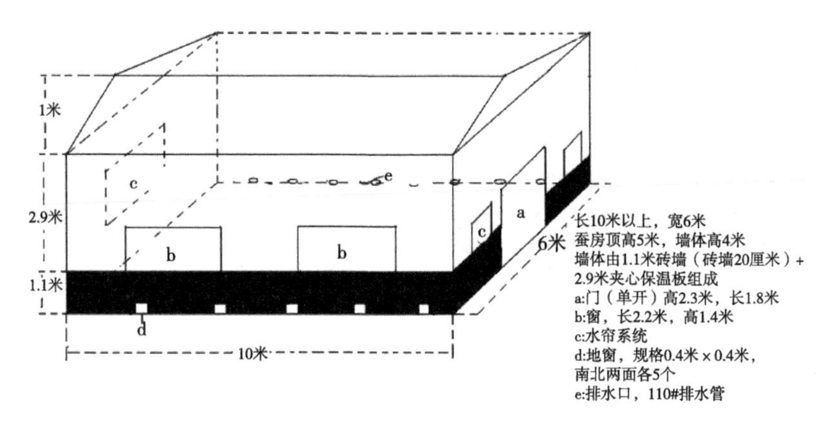

标准大蚕室简图

标准大蚕室内自动上蔟、水帘控温保湿、电动石灰筛等设备

标准大蚕室

二、大蚕的消毒

（1）蚕室消毒。养蚕前3天，大蚕室用含有效氯浓度为1%的漂白粉液全面彻底消毒，也可使用浓度10%~20%的石灰浆，刷墙及地面消毒。除沙后地面及周围环境可用1%~2%石灰浆消毒。

（2）蚕体蚕座消毒。养蚕期，每天早上坚持用新鲜石灰粉对蚕体蚕座进行消毒。蚕病易发生期，可配制含有效氯浓度为3%的漂白粉防僵粉作为蚕体蚕座消毒；高温干燥的中午，4龄蚕可用含有效氯浓度为0.3%、5龄蚕用浓度为0.5%的漂白粉澄清液对蚕体蚕座进行喷雾，以降温补湿，以喷蚕体刚湿润为宜。

大蚕期除沙后蚕室地面用浓度为有效氯0.5%漂白粉液喷洒消毒。

三、大蚕省力化饲养形式

（1）简易蚕台育。在蚕室内用竹木搭成架，做成简易蚕台，将4龄或5龄蚕移到蚕台上饲养。蚕台可用竹竿搭成架子，每层间距0.4米，距地0.3米，共4层，蚕架宽1.3~1.4米，蚕架长短可视位置而定，蚕台上可垫竹帘，也可垫放透气的编织布。两个蚕台之间及蚕台与墙壁之间留有0.8米左右操作通道。活动式蚕台，可搭架有8~10层，更加节省养蚕空间。

简易蚕台育

活动式蚕台育

（2）地面片叶育。即在蚕室内地面饲养大蚕的一种养蚕方式。占地较多，每张蚕（10克蚁量）需要35～40平方米面积，但喂蚕及技术处理方便，省工省力，是目前省力化养蚕推广最多的一种形式。放置方式：一种是厢条状，厢宽1.5米，中间间隔0.5米的操作通道；另一种是满地放蚕，不留操作通道，在一定间隔处留些砖块作踏板。目前推广的轨道式滑轮给桑地面育最受规模式养蚕户广泛利用。

地面育

轨道式滑轮给桑地面育

（3）条桑育。即直接割伐桑枝条来养蚕的一种养蚕方法。此法可提高桑叶采收效率及喂蚕效率，从而提高整个养蚕过程劳动生产效率。

条桑育

（4）大棚养蚕。即是利用桑园附近场地建造简易大棚养蚕，大棚建造成本低，养蚕空间宽敞，空气流通较好，蚕座稀，蚕生长发育环境条件好，蚕病发生蔓延机会少。这种养蚕方式省工、省力，有利于规模化生产。

大棚养蚕

〖知识拓展9〗——家蚕人工饲料的研究和应用情况

所谓家蚕人工饲料，就是根据蚕的食性和营养要求及养蚕技术需要，利用适宜的原料和工艺，人工制造的取代桑叶的家蚕饲料。

人工饲料养蚕具有可根据龄期和蚕品种特性因素人为控制饲料组成，满足家蚕营养要求；人为调节养蚕时间；饲料经过消毒，有利于减少蚕病发生；可实现饲料生产及养蚕生产一体化，提高工效等优点。目前我国小蚕人工饲料育技术已经基本成熟，实行小蚕人工饲料育，大蚕条桑育，将是近期内我国省力化养蚕业发展的重要方向。

人工饲料的种类：混合饲料，半合成饲料，合成饲料。

饲养对象：原种饲料，杂交种饲料，小蚕用饲料，大蚕用饲料。

加工工艺和喂养方法：粉体蒸煮饲料，膨化颗粒饲料。

人工饲料养蚕实用化存在的问题：饲料成本高，容易污染变质，对饲养环境和养蚕设施的要求较高，限制了大规模生产，更重要的是国内外尚无任何一种人工饲料的养蚕效果能够达到桑叶育水平，更没有解决所有蚕品种都能良好取食的通用人工饲料，发育整齐度差，弱小蚕多，张种产茧偏低是最关键的技术问题。

家蚕人工饲料育应用

四、大蚕饲养过程

4～5龄为大蚕。下面以两广二号在温度为24～25℃、相对湿度为70%～80%、地面片叶育的条件下饲养为例，介绍大蚕饲养过程。

（1）4龄蚕饲养。4龄蚕的饲养时间为4天零9小时，21时进行饷食后进入4龄第一天。饷食前用大蚕防病一号或漂白粉防僵粉消毒蚕体，并排加起除网，约过5分钟后给桑饷食，第二天8时进行起除，并移蚕下地饲养。第三、四天6时给桑前薄撒一层石灰粉，第四天14时左右进入催眠期，16时左右眠定，薄撒一层石灰粉止桑。

（2）5龄蚕饲养。5龄蚕的饲养时间为6～7天，6时进行饷食后第一天，饷食前用大蚕防病一号或漂白粉防僵粉消毒蚕体，加起除网，约过5分钟后给桑饷食，当天14时进行起除。之后每天早上给桑前必须薄撒石灰粉，以保持蚕座干燥。到5龄的第七天，8时开始有少量熟蚕，14时左右进入盛熟期，可争取在18时前上完蔟。

五、大蚕饲养技术

（1）开门开窗，加强室内空气流通。大蚕食桑量多，排泄量大，对二氧化碳等不良气体抵抗力弱，又由于给桑量多，从桑叶中蒸发出大量水分、二氧化碳和氨气，因此蚕室内往往湿度大且污浊，妨碍蚕体呼吸，造成蚕体虚弱，所以要加强空气流通。

（2）防高温闷热。大蚕对高温多湿环境抵抗力弱，特别对闷热环境抵抗力弱，因为高温多湿的闷热环境，蚕体内容易积热、积湿而诱发蚕病，因此在高温多湿环境下，可用电风扇等工具进行降温排湿，要设法加强通风换气。4龄蚕适宜温度在25～26℃，相对湿度在70%～75%；5龄蚕应控制温度在24～25℃，相对湿度在70%；高于30℃时要设法降温，措施一是蚕室开设对流窗；二是蚕室前后搭荫棚；三是蚕室要能隔热防湿。

（3）搞好蚕座卫生，严防蚕病传染和发生。每天坚持撒石灰粉1～2次，隔离蚕沙，保持蚕座干爽。注意捡出病蚕、弱小蚕、死蚕，以防蚕病蔓延，造成大面积传染。

（4）加强眠起处理，注意提青分批。四龄蚕常入眠不齐，当有80%以上蚕眠定后，如还有个别蚕未眠，要提出未眠蚕另补给一次桑催眠。

（5）注意扩大蚕座。适当稀养，有利于大蚕期降温通气，又能使蚕充分饱食，蚕病少。一般给桑前扩座，每头蚕有2头蚕活动空间为好。确保每张蚕（10克蚁量）的蚕座面积4龄在10～12平方米，5龄在30平方米左右。

（6）做到良桑饱食。喂大蚕用的叶做到良桑，一是桑叶要充分成熟，一般为顶叶下第8～20片叶，其富含蛋白质和碳水化合物，不能用嫩叶或过老叶、病虫为害严重叶、蒸热发酵叶；二是桑叶要新鲜、叶质好，采叶宜用竹筐装，防蒸热发酵，贮叶要求降温的同时盖膜。

大蚕丝腺发育快，五龄第二天前吃下的桑叶主要用于长身体，第三天后吃下的桑叶主要用于营造丝腺。“一口桑叶一口丝”。大蚕期如果吃不饱或叶质差，蚕个体小，丝腺不能充分生长，影响茧丝产量和质量。大蚕饱食状态为蚕的胸部膨大，头胸部昂起或体躯伸长而静止，体壁紧张而呈暗色；求食状态为胸部稍带透明，体躯伸长而爬动；饥饿状态：胸部透明，体壁松弛，口吐缕丝。大蚕期食叶量约占整个养蚕期食叶量的90%～95%，特别是5龄时占85%以上，一张蚕种（10克蚁量）4龄需桑叶65～70千克，5龄需380～420千克。宜采用两头紧中间松的给桑方法：即5龄第1、2天和第6、7天给桑量要严格控制，给桑量分别为5龄用叶量的15%～20%和5%～10%，以到下次给桑时刚好吃光时为宜；第3～5天要让蚕充分饱食，给桑量占5龄用叶量的70%～75%。

（7）适当添食抗生素，防治细菌病。4龄起蚕后，可隔日添食抗生素一次。4龄第3天及5龄2、4天用灭蚕蝇500倍液添食或300倍液体喷。

养好大蚕技术总要求："通风好、良桑饱、蚕座稀、消毒勤、分批清"。

第四节　上蔟及采茧

上蔟就是将熟蚕引放到蔟具上，让其吐丝结茧。上蔟是蚕茧丰产的重要环节，也是决定蚕茧品质好坏的关键时刻。

一、上蔟适期

1. 适熟蚕上蔟

（1）适熟蚕的特征。五龄蚕生长发育到后期，食桑逐渐减少，前半身透明，头胸昂举，排绿色软粪，随着蚕体内食物不断排出，蚕体大部分透明，体躯略为缩短，头胸左右摆动，寻找营茧的地方吐丝时的蚕称适熟蚕。如果蚕体全身透明，身体缩短，已大量吐乱丝在蚕座，称为过熟蚕。

（2）适熟蚕的习性。

① 向上性。熟蚕在上蔟之前，头部向上摆动，往往向蔟的顶端爬。

② 背光性。熟蚕喜欢爬向光线暗淡的地方，因此上蔟场所不宜过明过暗，光线要均匀适当。

③ 背风性。熟蚕对强风非常敏感，因此蔟中管理既要通风透光，又要防止强风直吹。

（3）适熟蚕上蔟。上蔟过迟（过熟蚕上蔟），蚕吐去大量丝后营茧小，且易增加双宫茧和畸形茧。上蔟过早（未熟蚕上蔟），致游山蚕、不结茧蚕增多，黄斑茧等劣茧也增多，严重影响产茧量，所以必须做到适熟蚕上蔟以提高蚕茧产、质量。

2. 巧用蜕皮激素

蚕相对整齐的情况下，见熟5%～10%可添食蜕皮激素（不要提早、超量使用），促蚕成熟齐一，以便提高自动上蔟效率。过早添食影响产茧量，缩短茧丝长，纤度变细。对生长不足的蚕提前使用蜕皮激素，虽然可以促进蚕提早上蔟，缓解桑叶不足的矛盾，但严重影响蚕茧产量和质量，蚕茧价格也会因质量较低而下降，反而得不偿失。

蜕皮激素一般在傍晚或早晨添食，使用量为一支针剂加水1.5～2千克，充分搅拌后均匀喷洒在15～20千克桑叶上，边喷边翻动，然后给叶喂蚕。添食后约经10小时左右蚕即熟齐，即可准备上蔟。

二、上蔟前准备

1. 良好蔟具

目前对提高茧质最有效的蔟具是方格蔟（纸制和木制），其上茧率明显高于其他传统蔟具。一张蚕（10克蚁量）需要方格蔟80片（352孔）或200片（156孔），另还可用塑料折蔟140张，每个塑料折蔟上熟蚕200头。

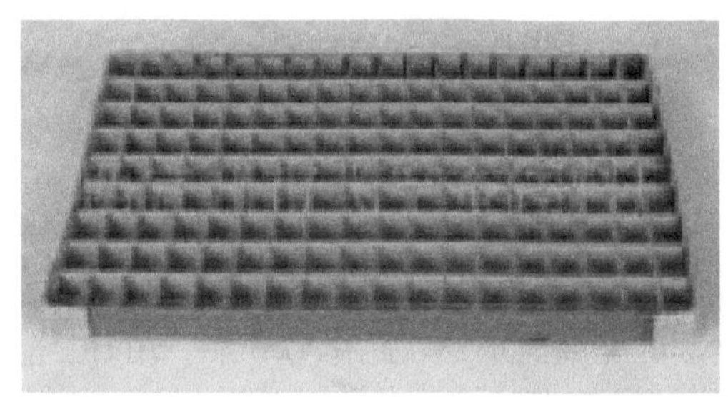

纸制方格蔟

木制方格蔟

2. 上蔟方法

上蔟方法有人工上蔟法和自动上蔟法。人工上蔟即是将熟蚕逐条拾起后均匀撒在蔟上，再提起蔟片搁挂好。自动上蔟是根据熟蚕具有向上爬的特性，在蚕座上放上蚕蔟，让蚕自行爬到蚕蔟上。人工上蔟工作量大，已不适应规模化养蚕所用，现多是采用自动上蔟法上蔟，下面主要介绍方格蔟自动上蔟的做法。

（1）自动上蔟前蚕座整理。为了促使熟蚕快速上蔟入孔结茧，在熟蚕上蔟前相应提高蚕座密度（一般把蚕座面积缩小至五龄蚕期蚕座面积的一半为宜），有利于熟蚕上蔟快、入孔结茧率高。做法是，在最后一餐结合添食蜕皮激素时，在需把某处将熟蚕移至上蔟架下的蚕座上铺上大蚕网，在网上撒叶，待熟蚕全部爬到网上后，提起集中到上蔟架下的蚕座上，整平熟蚕蚕座，清理提网后留下的蚕沙。

蚕座整理及搭架上蔟

（2）搭置上蔟架。一是简易上蔟架。简单实用，成本低，用6根木条绑成长“田”字形，其中每个田字格的形状为长“井”字形，田字格的宽度以方格蔟的宽度而定，以此作为蔟架。用4根绳系牢蔟架四角，垂直吊挂在蚕室屋顶的檩条上，可安装滑轮，以利升降蚕蔟。二是自动集成上蔟装置。需按所使用方格蔟规格专业安装牢固蔟架，所用材料为不易变形且承重力强的钢条，一次投入成本较高，适合规模大的蚕户使用。

蔟架上按饲养量把所需要的方格蔟搁挂好，方格蔟搁挂方向与气流平行，蔟片间间距为13厘米为宜，让蚕结横茧。

自动回转蔟装置

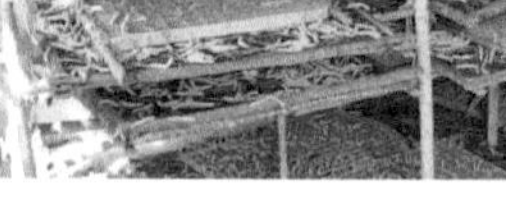

平铺上蔟

简易自动上蔟

电气化自动上蔟

三、蔟中保护

从上蔟到采茧这一时期的保护，称为蔟中保护。蔟中保护环境与蚕营茧状态和茧丝品质有密切关系，若蔟中环境不良，茧及茧丝的品质下降。影响蚕结茧和茧丝品质的环境条件主要有温度、湿度、气流、光线等。

1. 蔟中环境条件

（1）温度。温度主要影响蚕的营茧速度和茧丝质量，在合理的范围内，温度高吐丝快，温度低，吐丝慢。蔟中温度高，增强了茧丝间的胶着力，离解困难，落绪茧增多；温度过低，形成畸形茧丝，缫丝时易拉断造成落绪。蔟中合理的温度为，上蔟初期，保持24～25℃，结茧后期保持在24℃，期间力求防止28℃以上高温或20℃以下低温。

（2）湿度。湿度对茧质和丝质影响很大，在多湿条件下，吐丝结成的茧，缫丝解舒率低，且常有死蚕增多、茧色变黄、茧层霉变等发生。蔟室相对湿度以70%～75%为宜。熟蚕上蔟后要排泄大量粪尿，造成蔟中多湿，蚕上蔟后，室中空气湿度很大，必须打开门窗，加强通风排湿。

（3）气流。做好蔟室中的通风换气是提高茧质的重要环节。在上蔟时，不宜强风直吹，以防熟蚕向无风方向密集，待蚕已基本定位结茧可开门开窗通风换气，加强空气对流，以利湿气排出，提高蚕茧品质。

（4）光线。如果蔟室明暗不均，蚕向暗处聚集，常造成双宫茧增加，普通茧茧层薄厚不匀；当光线太强时，熟蚕往往聚集在蔟下结茧，使不良茧增多，茧层含水量提高，茧色不良。因此，上蔟室光线要柔和均匀，防止阳光直射，以微暗的散射光为宜。

2. 管理措施

上蔟后要经常巡查，及时拾取落地蚕和青头蚕，落地蚕要集中另行上蔟，青头蚕要给桑饲养；上蔟期如气温低要加温，要注意防中毒，防老鼠等为害。蚕定位结茧后即可升高蔟架，清理蚕沙。

四、适期采茧、售茧

1. 采茧适期

一般春蚕上蔟后5～6天，夏、中秋蚕上蔟后4～5天，晚秋蚕上蔟后6～7天，以蚕化蛹，蛹体变棕黄色为采茧适期。

2. 采茧方法

蔟具不同，采茧方法不同，木制方格蔟可采用相对应的采茧机采茧，提高采茧效率。

3. 选茧售茧

采茧时按上茧、次茧、下茧（双宫、黄斑、柴印、畸形茧）、下烂茧分别放置，采下的茧不要堆积过厚，避免发热变质。

人工采茧　　脚踏式采茧器

4. 采茧后消毒

（1）及时处理蚕沙。蚕上蔟后及时清理蚕沙，制成堆肥，切勿直接作肥料施入桑园。在搬运蚕沙途中要防止散落污染环境。

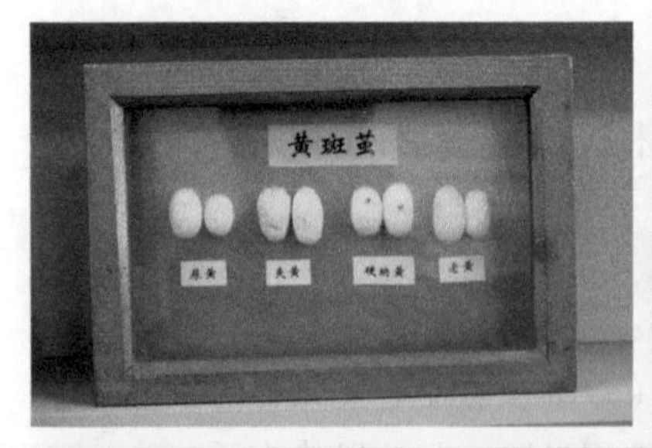

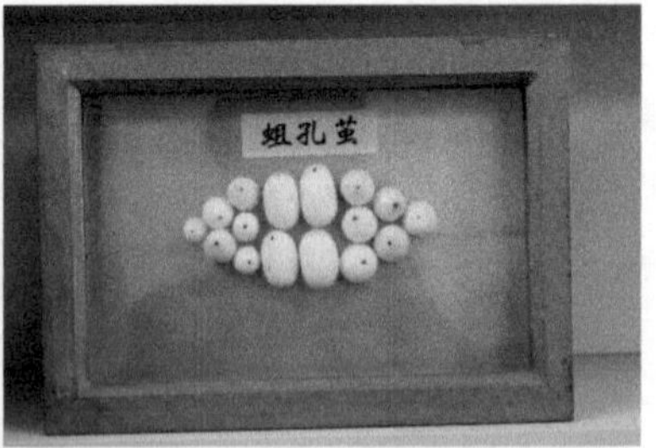

死笼

薄皮

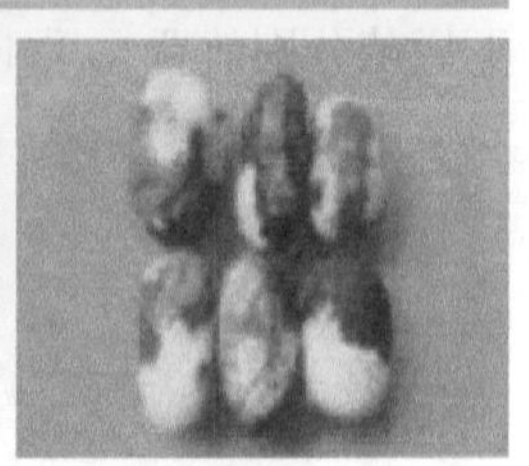
烂茧

（2）妥善处理死蚕、薄皮茧和烂茧。将蔟中死蚕，薄皮茧和烂茧投入装有3%石灰浆缸中，然后埋入土中。

（3）旧蔟具分类保管。无法使用的旧蔟具及时烧毁，可继续使用的，经清除残丝、消毒后（纸质方格蔟可用熏烟剂熏烟消毒，木质方格蔟、塑料蔟可用氯制剂如漂白粉液消毒）保存。

（4）蚕室蚕具消毒。采茧后要用消毒药剂对使用过的蚕具、蚕室及其附属室，蚕室周围环境进行全面消毒。经药剂消毒后，蚕具搬出清洗干净，晒干。蚕室清理干净。然后将洗净晒干的蚕具放回蚕室保存待用。

蚕沙集中处理

木质方格蔟消毒

〖知识拓展10〗——蚕不结茧原因

在蚕桑生产的过程中常常会出现蚕上蔟后不结茧的现象，特别是在晚秋蚕的生产中较为普遍，给蚕农带来了不小损失，其原因主要有以下几点：

第一，病理因素，如脓病、僵病等在蚕上蔟前感染发病，它会破坏蚕丝腺的分泌功能或是在蚕体内产生大量的有毒代谢产物，使蚕的神经麻痹而不能吐丝结茧。预防措施，严格消毒，认真做好“三消”，预防蚕病，加强管理。

第二，生理因素，首先是蚕中部丝腺异常，主要是因为饲育温度过高或过低，叶质过嫩，分泌腺失调引起丝腺异常而不能吐丝；其次是前部丝腺异常，主要是因为饲育过程中接触了过量的煤气等不良气体造成吐丝障碍。预防措施：严格按照标准温度饲育防止温度过高或过低；提供优质的适熟叶，保证蚕生长发育所需要的营养物质。

第三，微量农药中毒，蚕食入或接触微量农药引起蚕体内分泌腺失调，不能吐丝。预防措施：坚持桑叶试喂，预防蚕吃到污染叶；防止蚕室、蚕具受到农药污染，防止不良气体侵入蚕室。

第四，上蔟管理不当，上蔟时操作不当造成蚕儿丝腺破裂，上蔟环境偏密，湿度过低等都会造成蚕停止吐丝而不结茧。预防措施：上蔟时动作轻柔，环境保持干燥，上蔟温度不低于20℃。

〖知识拓展11〗——雄蚕饲养方法

一、雄蚕杂交新品种

（1）品种性状。浙江省农业科学院蚕桑研究所育成的秋用雄蚕新品种——秋华×平30，具有体质强健、各龄眠起齐一、好养的优点，每克蚁头数2 310左右，5龄经过6天18小时，全龄经过22天半，二日孵化率49.34%，丝长1 240米左右，茧形椭圆、大而匀整，茧色洁白，茧层率和出丝率高。

（2）饲育技术要点。收蚁感光可适当比普通种偏早。省力育要及时匀扩座，防食桑不匀。大蚕要良桑饱食，用桑新鲜适熟。小蚕期饲育温度要偏高，注意桑叶新鲜，大蚕期要加强通风换气。蔟中温度要保持25～25.5℃，加强蔟中通风换气，提高解舒率。

二、雄蚕大蚕期的饲养管理

（1）桑叶的采、运、贮。春蚕4龄用桑采摘三眼叶、枝条下部叶及小枝叶，5龄用桑采摘新梢上的芽叶或伐条叶。夏蚕期大蚕用桑采摘疏芽叶及新枝条基部叶，秋蚕期大蚕用桑采摘基部叶。晚秋蚕结束时枝条顶端留5～6片叶。

桑叶随采随运，松装快运，防止阳光直晒，运到贮桑室后立即倒出，抖松散热，严防桑叶发热变质。贮桑室仍然要求低温、多湿、少气流，保持清洁卫生，进出要换鞋并定时用1%有效氯漂白粉液消毒，贮桑室要加强管理，专人负责。

（2）给桑。雄蚕大蚕期的给桑，既要考虑蚕的充分饱食，又要考虑节约用桑以提高单位用桑量。用芽叶、片叶饲养，每天给桑3～4次。用条桑饲养，每天给桑2～3次。雄蚕大蚕给片叶或芽叶时，先将桑叶抖松，再用双手将桑叶均匀地摊在蚕座上。给条桑时，将梢端与基部相间平行放置，从蚕座的一端顺次给到另一端。

（3）扩座与匀座。为使雄蚕充分饱食，大蚕期应及时扩大蚕座面积并注意匀座。一般一张雄蚕种（3万头）大蚕期的最大蚕座面积为：4龄14平方米左右，5龄35平方米左右。匀座也是在每次给桑时进行，将分布密处的蚕移至稀处，使蚕座稀密均匀，促使蚕群体发育整齐。

（4）除沙。雄蚕大蚕期食桑量多，残桑和排粪量也相应增多，为了保持蚕座清洁干燥，要勤除沙。一般4龄期起除和眠除各1次，中除2次，共除沙4次，5龄期起除后，每天除沙1次。除沙方法及注意事项与普通蚕种相同。

（5）眠起处理。雄蚕大蚕期加眠网要适当偏迟，以每匾出现几头眠蚕为加眠网的最佳时间。眠中温度要求比饲育温度降低0.5～1℃，并保持安静、光线均匀，眠中前期保持干燥（干湿度差3～4℃），见起后适当补湿以利蜕皮。饷食时间以见90%以上的起蚕头部色泽呈淡褐色为标准，夏秋期因气温高，饷食可适当提早。饷食用桑仍需新鲜，给桑量适当控制，按照上龄最多一次给桑量的80%左右为标准。

（6）饲养环境。雄蚕大蚕与普通蚕一样，适宜在较低温度和较干燥的环境里生长，一般4龄蚕饲养适温为24～25℃，干湿度差为2～3℃，5龄蚕饲养适温为23～24℃，干湿度差为3～4℃，4龄蚕要避免在20℃以下低温中饲养，5龄蚕要避免长时间在28℃以上高温中饲养。

〖知识拓展12〗——省力化养蚕蚕具领导品牌

广西宜州市林胜堂蚕具有限公司，从2007年至今一直致力推动宜州蚕茧只能缫4A丝向能缫5A丝的技术突破，经过近10年的努力，在理论和实践上取得了重大突破，使春、夏、秋季生产的蚕茧都能缫出5A丝，实现养蚕产业的第三次革命。（第一次，草蔟、花蔟→缫3A丝；第二次，纸质方格蔟→缫4A丝）

公司研发生产有325孔木质方格蔟、快速取茧机、自动上蔟架、自动喂叶平台等一批拥有自主知识产权的专利产品，并在行业技术标准、专利申请和科技成果方面取得了较好成绩，长期处于行业领先水平。公司一直专注于从蚕上蔟、吐丝、结茧环境气候的改善，提高茧丝质量，通过喂蚕平台，自动上蔟架，木质方格蔟，快速取茧等一系列技术措施，使养蚕业达到省时、省力、快速高效、节本增收的最终目标。

快速取茧机

蚕用电动撒石灰筛盘

塑框木质方格蔟

自动上蔟架、自动喂叶平台

第三章 蚕病防治

第一节 蚕病基础知识

一、蚕病及危害

蚕病是指蚕体受病原微生物的侵袭、寄生虫的侵害、理化因素刺激及其他不良饲养环境影响，使其生理失常，表现种种异常状态，甚至残废的现象。

各蚕区因自然环境条件、养蚕技术、防病消毒水平及饲养的蚕品种等有所不同。就季节而言：春蚕发病一般较轻，夏秋蚕发病较重。少数蚕区早秋和晚秋蚕发病更重。在蚕病中，为害最重的是病毒病，其中春季以血液型脓病为主，夏秋季则多发中肠型脓病和浓核病。蝇蛆病夏秋蚕比春蚕多发生，南方比北方为害重。

二、蚕病的分类

蚕病的种类很多，通常按照蚕病是否传染，分传染性蚕病和非传染性蚕病。

1. 传染性蚕病

（1）病毒病。包括血液型脓病、中肠型脓病、浓核病、病毒性软化病。

（2）细菌病。包括细菌性肠胃病、细菌性败血病、细菌性中毒病、猝倒病。

（3）真菌病。包括白僵、黄僵、曲霉、绿僵等。

（4）原虫病。包括微粒子病、其他原虫病。

2. 非传染性蚕病

（1）节肢动物病。蝇蛆病、虱螨病、螯伤病。

（2）中毒病。农药中毒、植物中毒、废气中毒。

三、蚕病的发生及传染

1. 蚕病发生的条件

蚕病发生取决于三个条件，即致病因子的存在、环境条件影响和蚕体本身的生理状况，三者之间互相联系，互相影响，又互相制约。

（1）致病因子的存在是蚕病发生的首要条件，包括生物因子、化学因子和物理因子等。这些因子破坏了蚕与外界环境的协调，妨碍蚕的正常生理，导致蚕病发生。

（2）环境条件（温度、湿度、光线与气流）。不但影响蚕的生长发育过程，影响蚕对病原物侵染的抵抗力，而且还影响病原物的生存及致病能力。

（3）蚕本身的生理状况。表现为蚕品种不同、性别不同、发育阶段不同、发育状况不同对病原微生物侵染的抵抗能力不同。

2. 蚕病发生的致病因素

（1）生物因素。微生物寄生蚕体、天敌昆虫侵害蚕体引起发病。

（2）化学因素。农药、有毒气体、有害植物、有害化学元素物质。

（3）物理因素。机械性创伤、极高极低温、强光、日晒、电流。

（4）营养因素。极端饥饿、叶质不良、营养不良等。

3. 病原体的来源和传播

（1）病原体的来源。病蚕的尸体；病蚕的排泄物（胃液、粪、蛾尿）；病蚕的蜕皮物（旧壳、鳞毛、茧壳）；病蛾产下的卵；病蚕接触过的蚕室、蚕具及周围环境。

（2）病原体的传播。分三个阶段：病原体从染病蚕脱出；病原体停留在外界环境中；病原体侵入健康蚕体。

4. 病原体传染途径

（1）经口传染。是传染性蚕病最主要的传染途径。病毒病、猝倒病、微粒子病等的病原体都可以被蚕经口食下而传染致病。

（2）创伤传染。蚕相互抓破体皮或饲养过程中操作不当造成蚕体创伤，病原物即可从伤口侵入蚕体，导致蚕病发生。如游离态病毒、真菌孢子和细菌等，都能经过伤口侵入蚕体而致病。

（3）接触传染。病原微生物直接穿过体皮侵入蚕体内寄生。真菌孢子附着在蚕体上，当温湿度适宜时，即可发芽传入体内致病。

（4）胚种传染。微粒子孢子可以通过患病的母蛾所产的卵传到下一代幼虫，使其发病，即为胚种传染。

四、蚕病的早期预测

1. 看蚕

（1）看蚕发育情况。同一批收蚁的蚕，如果群体发育大小显著不齐，小蚕体无光泽，体皮松软的是病蚕的先兆。

（2）看蚕体色。一般健康蚕体色青白而有光泽，如发黄无光泽，甚至皮肤出现病斑点的为体弱或已在发病。

（3）看蚕体态。蚕体匀整，尾角翘起为健康蚕，如蚕体环节肿胀或胸部透明发黄，尾部缩小，尾角下垂为病蚕。

（4）看动态。用口轻吹蚕体，个个头胸抬起，反应灵敏，为健康蚕；如反应迟钝或若无其事的表明蚕体不强健。如蚕匍伏不动或隐伏蚕座中，或向蚕座四周乱爬的多为体弱蚕或病蚕。

（5）看蚕粪。健康蚕蚕粪为六角柱状，墨绿色，有一定硬度（在蚕座上滑动沙沙作响），如排软粪，形状不规则（除上蔟前）粘于尾部有水泌出，多属体弱病蚕。

（6）看蚕眠、起姿态。眠蚕、起蚕胸部昂起的为健蚕，如头胸部平伏，尾部细小的为体弱蚕，尾部污染的为体质虚弱蚕。

2. 摸蚕

大蚕期以手背平触蚕体，凉且结实为健康蚕。

3. 听蚕

三龄以上健康蚕食桑急，能听到蚕食桑沙沙声。如盛食期食桑不旺，蚕座内残桑较多，食声小表示蚕体弱或有病。

4. 闻

蚕室内闻到空气清新，有桑叶清香味一般为蚕健康，若闻到臭腐、混浊味，表示蚕已有发病，要及时处理。

五、蚕病预防措施

（1）蚕室、蚕具要专用。

（2）蚕室、蚕具及周围环境要进行消毒。

（3）养蚕批次安排要做到批批清，不能大小蚕同室混养。

（4）推广小蚕共育，或精心护理小蚕。

（5）坚持卫生防病制度，入蚕室要洗手、更衣、换鞋，坚持用防病一号或新鲜石灰粉进行蚕体蚕座消毒。

（6）注意微气候调节，大蚕防高温多湿，加强通风。

（7）适当添食氯霉素或其他抗生素。

第二节 蚕病害及其防治

一、病毒病

1. 血液型脓病

（1）病原。其病原是核型多角体病毒，该病毒几乎可在蚕体所有的组织细胞内寄生增殖，并形成多角体，六角形，大小为2～6微米。

（2）病症。各龄蚕均有发生，生产上在5龄中期到老熟前后发生较多。由于发育阶段不同，外部症状也有差异，但患病蚕到发病后期都表现狂躁爬行、体色乳白、体躯肿胀、体壁易破等典型症状。流出乳白脓汁而死。不同发育阶段，还会出现下列症状：

① 不眠蚕。眠前发病，体壁紧张发亮，体形虽与正常蚕相似，但久久不能入眠，大部分都在蚕座中徘徊，最后体壁破裂，流出乳白色脓汁，溃烂而死。

② 高节蚕。4、5龄期发病，病蚕各节间膜或各节后半部隆起，形如竹节，狂躁爬行至蚕座外流脓而死。

③ 脓蚕。5龄后期到上蔟时发病，病蚕环节中间肿胀拱起，形如算盘珠状，体壁紧张发亮，体色乳白。

④ 斑蚕。病蚕的气门周围往往对称出现黑褐色的环状病斑或腹足焦黑。

（3）发病规律。

① 传染源。主要是病蚕和桑园患病昆虫的尸体及其流出的脓汁。

② 传染途径。经口、创伤传染。

③ 发病季节。适温多湿条件下易发病，在适温且昼夜温差大时发病多。

④ 发病特点。急性型传染病，当蚕感染后小蚕一般经3～4天，大蚕4～6天发病死亡。温度高，发病死亡较快。如在起蚕或少食期感染严重时可以当龄发病死亡。五龄后期感染的蚕能结茧，但都成为死笼茧。

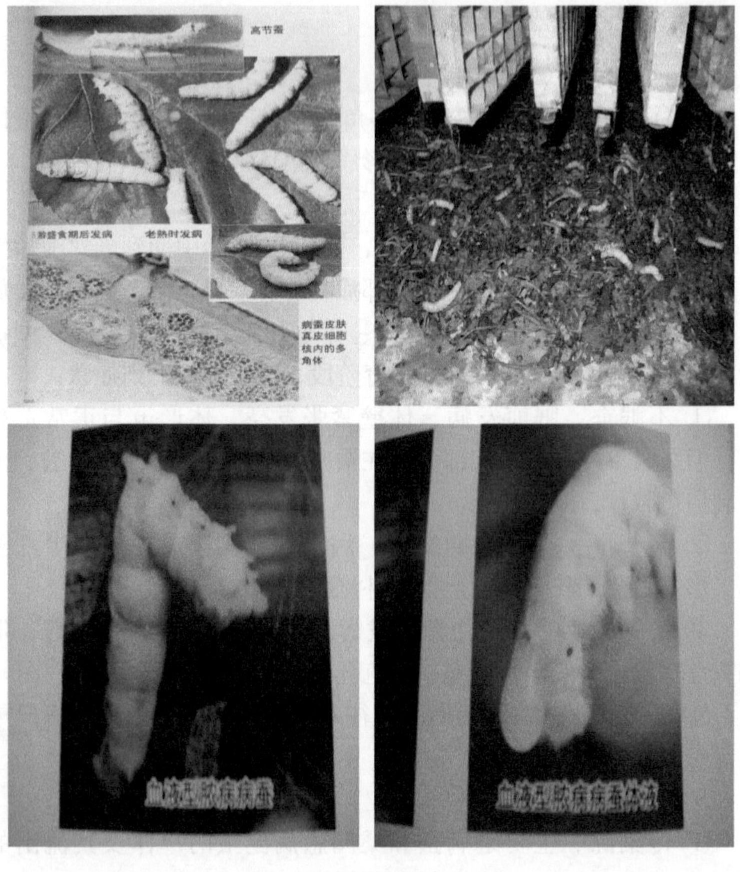

血液型脓病

2. 中肠型脓病

（1）病原。为质型多角体病毒，病毒粒子很小，在蚕体内寄生增殖形成0.5～10微米大小的多角体。

（2）病症。病势缓慢，病程长，个体症状表现为体躯瘦小，食桑和行动不活泼，常呆伏于蚕座的四周或残桑中，并出现空头、起缩和下痢；群体发育严重不齐，大小相差悬殊，在同一蚕座内常有不同发育龄期的蚕出现。

① 空头。蚕体胸部空虚，体色失去青白色，甚至变黄，特别是后半身的背面呈现黄白色。将眠发病成迟眠蚕或不眠蚕，发病较轻的虽能入眠，但常在眠中死亡，有的勉强蜕皮后呈起缩、下痢而死，5龄后期发病的形似熟蚕，但不能营茧或仅结薄皮茧。

② 起缩。在饷食后1～2日内发病，食桑停止，体壁多皱，体色灰黄，粪便黏软，有的尾部沾有污液。生产上第5龄饷食后多见。

③ 下痢。病蚕都伴有下痢，粪形不整而呈糜烂状，粪色呈褐色、绿色乃至白色。

（3）发病规律。

① 传染源。主要是病蚕尸体及其蚕粪中。

② 传染途径。经口传染。

③ 发病季节。在高温各蚕造发病较多；在气温相对较低的早春蚕、晚秋蚕发病较少。夏、秋蚕期多发生本病。

④ 发病时期。生产上常在3、4龄感染到4、5龄发病，且多数在5龄中后期暴发该病。

3. 病毒性软化病（烂屁股病）

（1）病原。细小核糖核酸病毒科的家蚕软化病病毒。球形，直径26～30纳米。

（2）病症。食欲减退、行动迟缓、体躯瘦小。胸部变透明，

“空头”，缩小、下痢和卒倒或吐液等。群体表现为大小发育不齐，眠起不齐。死后尸体扁瘪。

① 起缩症状是各龄饷食后1～2天内发病，特别是五龄起蚕较多。病蚕很少食桑甚至完全停止食桑。在群体中体色灰黄不见转青，体壁多皱。有时吐液，排黄褐色稀粪或污液，萎缩而死。

② 空头症状是在各龄盛食期出现，特别是大蚕为多。病蚕很少食桑，体色失去原有的青白色，胸部稍膨大，半透明微带淡暗红色，渐次全身呈半透明，排稀粪或污液。死亡前吐液，死后尸体软化。严重发病时蚕座及蚕室有异常的臭气。

（3）发病规律。

① 发病季节与时期。夏秋蚕为害，大蚕期发生较多。

② 传染途径。经口传染。

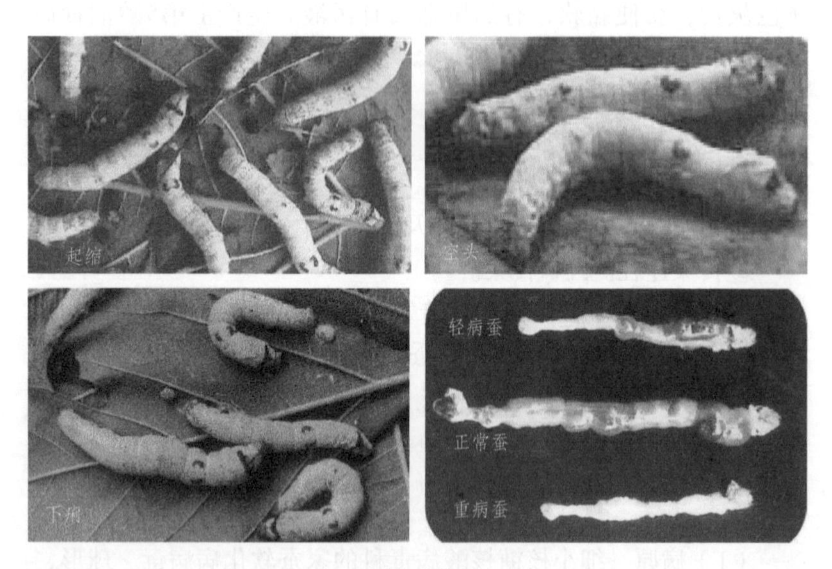

中肠型脓病

病毒性软化病

4. 浓核病

（1）病原。细小病毒科的浓核病病毒。球形，直径20纳米左右。

（2）病症。病蚕外部呈空头症状，重症蚕停止食桑，爬向蚕座四周，抬起头胸部，中肠变薄、平滑易破，消化管内几乎无食下的桑叶片而充满半透明的消化液。发育迟缓、小蚕排念珠粪，体色锈黄，头胸突出呈空头状，中肠黄色半透明或残留少量的桑叶片等。此外还有起蚕萎缩、排稀粪“湿尾”等病征。

（3）发病规律。

① 发生季节和时期。多在夏秋高温季节发生，慢性病害，往往是浓核病与肠道病并发，病势加快。

② 传染途径。经口传染。

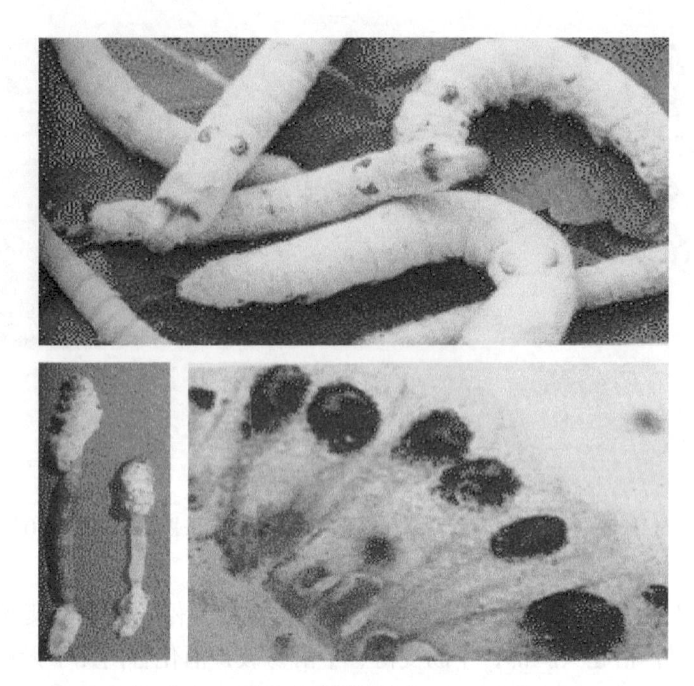

浓核病

5. 病毒病传染来源

（1）大量存在于病蚕尸体、蚕沙、烂茧里。

（2）存在于被病蚕尸体、蚕沙、烂茧污染过的蚕室、蔟室及周围环境里。

（3）有关桑树害虫及农林害虫的病虫尸体及排泄物。

6. 病毒病的防治

（1）严格消毒，消灭病原，切断传染途径。消灭病原是防治病毒病的根本措施。养蚕前，选择适当的消毒药剂对蚕室、蚕具、贮桑室及周围环境全面消毒。对病毒病有消毒效果的药剂有漂白粉、石灰浆、强氯精、消杀净、消特灵等。养蚕过程中一般在除沙后要对蚕室地面、贮桑室和走廊进行消毒，可采用有效氯0.3%～0.5%的氯制剂消毒液或0.5%～1%的石灰浆进行喷雾消毒。还要使用防病一号、新鲜石灰粉等进行蚕体蚕座的消毒，以杀灭蚕座内的传染源。

（2）严格分批、提青，及时淘汰弱小蚕，防止蚕座感染。感染病毒后的蚕，有发育迟缓和迟眠的症状不仅造成养蚕处理不便，而且对健蚕也有很大威胁。病蚕排出的粪便带有大量病毒，造成蚕座内混育传染。对于发育迟缓的小蚕，都应采取提青分批的措施与健康蚕分开饲养，已发现患病的蚕，必须拾出淘汰，以减少蚕座传染的机会。

（3）加强饲养管理，增强蚕体质。病毒病的传染和危害程度与蚕的体质密切相关。在饲养过程中，要根据蚕的生理特点，创造适宜的环境条件，给予适熟新鲜的良桑，做好眠起处理，使蚕的群体发育整齐，以增强蚕的体质，提高蚕对病毒感染的抵抗力。在给桑、除沙、扩座等操作过程中，要防止蚕体创伤。

（4）选用抗病力较强的蚕品种。蚕的不同品种对病毒病的抵抗力不同，同一蚕品种对不同的病毒病抵抗力也不同，蚕的不同品种对不同的饲养季节也有不同的适应性。应根据不同地区、不同饲养季节，综合考虑选择抗病力和抗逆性强的蚕品种。

（5）添食药物，抑制病毒感染和繁殖。实验证明，用每毫升含500～1 000单位的氯霉素给蚕添食，可抑制肠道细菌的繁殖，保持或增强蚕的体质，提高蚕对病毒的感染抵抗性，间接起到预防病毒病的作用。（备注：氯霉素会引起再生障碍性贫血的不良反应，政府也已明文禁止在动物疾病防治上使用）

二、细菌病

患细菌病的蚕，尸体都失去弹性，很快软化腐烂，也称软化病。以南方和高温季节发生较多。

1. 细菌性败血病

（1）病原。有腐生菌、肠道细菌等，常见的有黑胸败血病菌、粘质沙雷杆菌、青头败血病菌等，此外还有绿脓杆菌、变形杆菌、葡萄球菌等。

（2）病症。发病初期病蚕停止食桑，体躯挺伸，行动呆滞或静伏于蚕座。接着胸部膨大，腹部各环节间收缩，少量吐液，排软粪或念珠状粪，也有排黑褐色污液，最后痉挛侧倒而死。初死时短暂尸僵，胸部膨大，头尾翘起，腹部向腹面拱起，胸脚伸直，腹脚后倾，体色与正常蚕无明显差异。约经数小时后尸体逐渐软化变色全身柔软扁瘪，内脏离解液化，腐败发臭，流出污液。自变色时起，不同败血病因病原细菌种类不同而显现不同的特征。

① 黑胸败血病。在胸部背面或腹部第1～3环节出现墨绿色尸斑，尸斑很快扩展至前半身甚至到全身变黑，最后全身腐烂，流出黑褐色的污液。

② 灵菌败血病。病蚕尸体变色较慢，有时在体壁出现褐色小圆斑，渐变成嫣红色。

③ 青头败血病。5龄中、后期发生的青头败血病蚕，死后不久，胸部背面出现绿色半透明的块状尸斑。在尸斑下出现气泡，俗称“泡泡蚕”，但并不变黑；5龄初期发病则胸部大多不出现气泡。经数小时后，血液变成浑浊呈灰白色，最后尸体流出恶臭污液。

（3）发病规律。

① 发生特点。零星发生，是由一些细菌在蚕血液中寄生繁殖引起，病势发展较快。气温高、湿度大，发病过程缩短。夏秋蚕一般比春蚕期发生多。

② 传染途径。创伤传染。

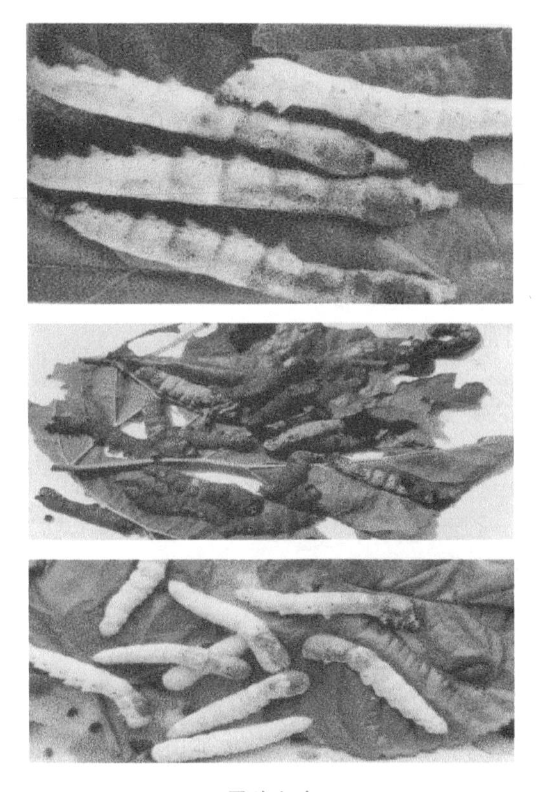

蚕败血病

2. 细菌性肠道病

（1）病原。本病没有特定的病原菌，在多数情况下是由于蚕体质虚弱，肠道细菌迅速繁殖，改变了肠道内容物的理化性质，干扰了蚕体的正常生理，从而造成蚕发病。某些球菌和沙雷氏杆菌在特定条件下也会单独致病。

（2）病症。通常表现为慢性症状，首先感病蚕食欲减退，举动不活泼，体躯瘦小，生长缓慢，排不成形粪、念珠状粪或软粪、稀粪，以至污液。急性发病的蚕多死于眠中，不能蜕皮而死亡。尸体变成黑褐色，不久腐烂发臭。若在食桑中发病，身躯两头大，中间小，头胸部稍向腹部弯曲，吐液而死。有以下特征：

① 起缩。饷食后食桑很少，逐渐停食，体形萎缩，体色灰黄，呆滞不动，渐渐死亡。

② 空头。消化管前半段无桑叶，充满液体，以致胸部呈半透明，似病毒性软化病。

③ 下痢。5龄后期急性发病。少量吐液，排稀粪，不成形粪或念珠粪，肛门常被稀粪污染。

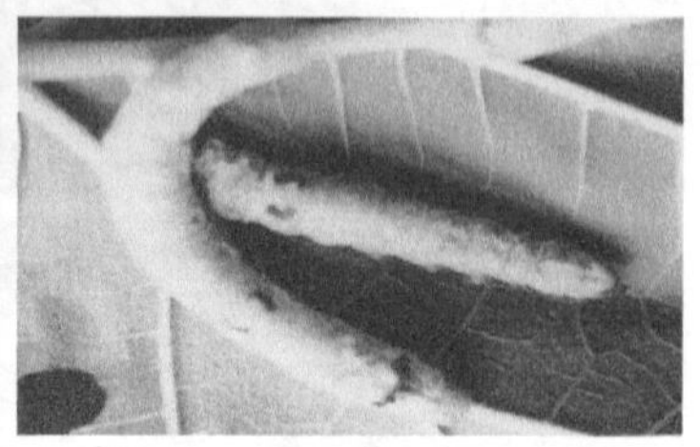

细菌性肠道病

（3）发病规律。

① 发生特点。夏秋蚕多发生，正常情况下零星发生，蚕体虚弱易发生。人工饲料养的蚕易引发病，过嫩过老桑叶和萎凋桑叶喂蚕发生较多。高温、多湿促发本病，蚕受饥饿和受到微量有毒物质影响后，也能诱发本病。

② 传染途径。经口传染。

3. 细菌性中毒病（卒倒病）

（1）病原。芽孢杆菌属苏云金杆菌卒倒亚种。

（2）病症。急性中毒：蚕食下大量毒素后，突然停止食桑，抬胸，胸肿，呈苦闷状，痉挛性颤动并伴有吐液，侧倒卒毙，卒倒病即由此而来。初死时有轻度尸僵现象，头部缩入呈勾嘴状，多数第1～2腹节略伸长。死后一天左右，从第1、2腹节开始变黑腐烂，很快扩展全躯，终于腐败液化。

慢性中毒：蚕食下毒素较少时，食欲减退，从少食桑叶到食桑停止，生长极度迟缓，体色较暗，头胸稍肿，并有缩皱，渐而全身萎缩。排不成形粪，有时排出红褐色污液。濒死时，体色暗黄，间有吐液，背管搏动缓慢，匍伏于桑叶面上，倒卧而死。尸体初呈现水渍状病斑，渐次变褐而腐烂，流出黑褐色污液。如果蚕食下临界亚致死剂量毒素时，但经过一段时间病理反应后，可恢复食桑，体色也会渐次恢复正常，但此后体躯瘦长，发育明显比正常蚕慢，入眠及上蔟均比正常蚕推迟1～3天，但最终蚕体发育和茧质与正常蚕无大差异。

（3）发病规律。

① 发生特点。南方高温季节危害，只在蚕期发生，以食桑量较大的大蚕期发生较多。多湿环境是发生本病的重要条件，阴雨天气，排湿困难，特别是喂湿叶，造成蚕座潮湿、蒸热更易发生本病。

② 传染源。感病的野外昆虫，桑尺蠖、桑毛虫等；细菌脓液；病蚕的排泄物及尸体流出的污液。

③ 传染途径。经口传染。

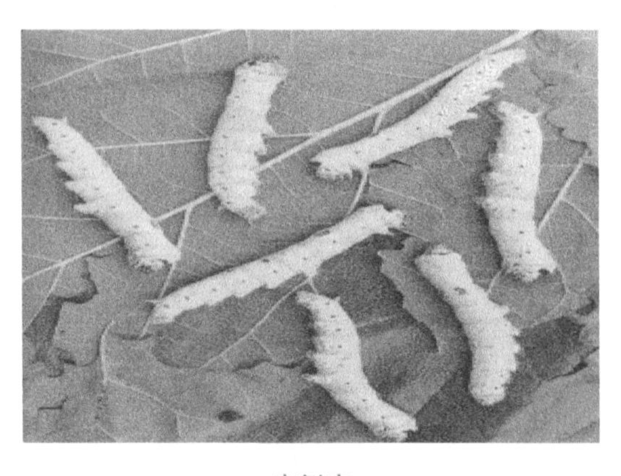

卒倒病

4. 细菌病的防治

（1）严格消毒，最大限度地消除传染源。养蚕前对蚕室、蚕具、周围环境进行彻底消毒。养蚕期注意做好卫生工作，要保持蚕室、贮桑室、蚕座、垫纸、蚕具、养蚕用水等的清洁。及时隔离病原，如发现病死蚕或发病中心，应立即清理，捡出病死蚕，不要让病蚕尸体在蚕座上腐烂及流出污液污染蚕座，并彻底进行蚕座消毒，以防蔓延。

（2）防治桑树害虫。桑园注意及时防治桑树，避免患病桑虫尸体及其粪便污染桑叶，尽量不采用被污染的所谓虫口叶喂蚕，如缺叶确需采用时，可用0.3%有效氯的漂白粉液或1 000倍蚕用消毒净液作叶面消毒后再喂蚕，避免用脚叶或不成熟叶喂蚕。

（3）操作仔细，防止创伤传染。除沙、扩座、移蚕、给桑、上蔟等操作过程切忌粗糙，应使用蚕网除沙，适当稀养，防止蚕相互抓爬造成创伤传染。

（4）加强饲养管理，注意蚕室通风排湿，保持蚕座干燥卫生，以增强蚕儿体质。

（5）药物防治。防治细菌性蚕病的抗生素有盐酸诺氟沙星、恩诺沙星、盐酸环丙沙星和氟苯尼考溶液等。预防性添食，一般3、4龄起蚕、眠前各一次，5龄起蚕开始隔天一次；治疗性添食，8小时一次，连续添食3次后，每天一次。

三、真菌病（硬化病）

1. 白僵病

（1）病原。白僵菌，分生孢子球形至卵圆形，大小为（2～3）微米×（4.5～6.5）微米。

（2）蚕期病症。体色灰暗，反应迟钝，行动呆滞。蚕体上出现油渍状针头大小的病斑。临死前排软粪，吐胃液，手触略有弹性。以后逐渐硬化，全身如覆白粉。眠期发病，多呈半蜕皮或不蜕皮蚕，尸体潮湿（多数细菌污染），呈淡褐色，易腐烂，不硬化。

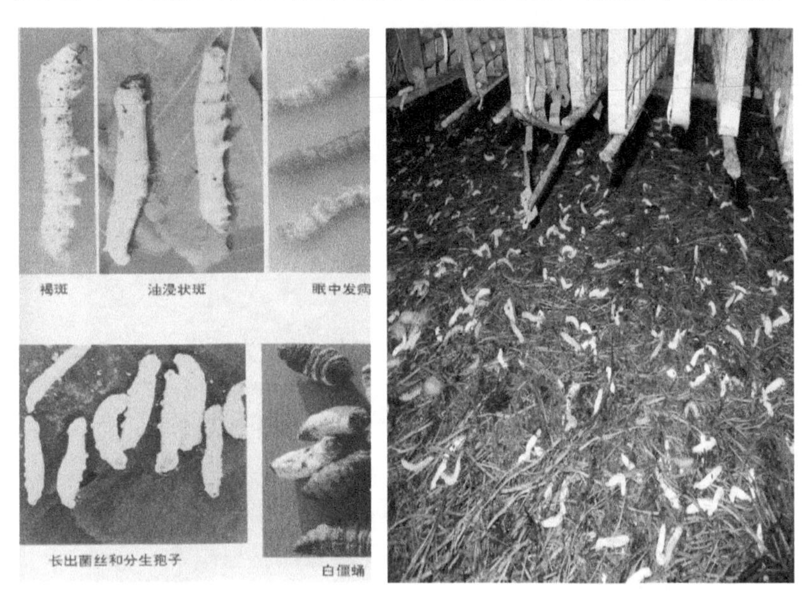

白僵病

2. 黄僵病

（1）病原。黄僵菌。分生孢子球形或卵圆形，大小（2～3.7）微米×（1.5～3.5）微米。

（2）病症。感染初期，外观与健康蚕无明显差异，随着病程发展，在病蚕体表出现散褐色以至黑褐色细小病斑，在气门周围、胸腹足部或尾部等处可能出现1～2个大型不整齐的黑褐色病斑。病蚕死后，体色逐渐变为粉红色。死后经1～2天，即见茸毛状的气生菌丝伸出体外，分生孢子大量形成，尸体被覆成淡黄色。

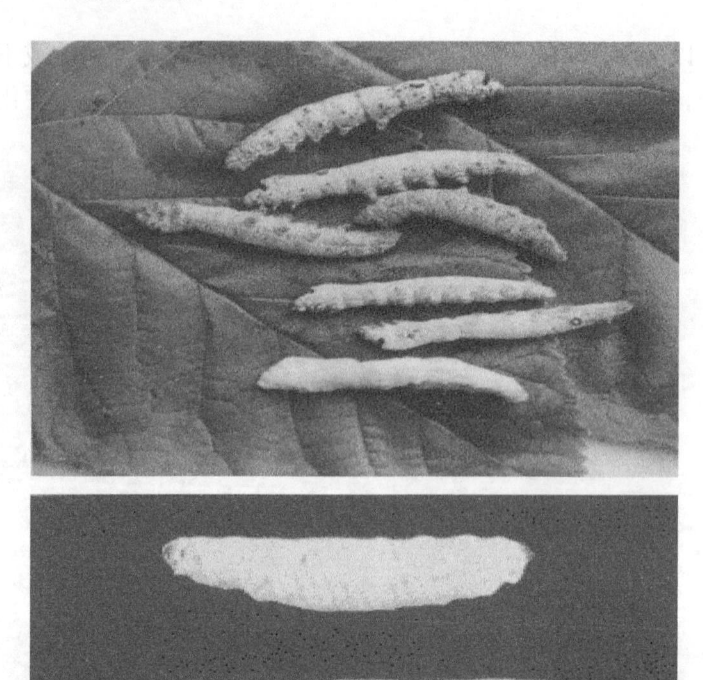

黄僵病

3. 绿僵病

（1）病原。莱氏蛾霉，俗称绿僵菌。分生孢子卵圆形，一端稍尖，大小（3～4.5）微米×（2～3.5）微米。

（2）病症。蚕感染后期食欲减退，行动呆滞，体灰白，在病蚕腹侧或背面环节间出现黑褐色不整形轮状或云纹状病斑，外围褐色较深，中间稍淡，干燥后凹下。眠前发病时，体壁紧张发亮，体色乳白，病蚕死后2～3天长出气生菌丝及分生孢子，僵化的尸体被覆一层鲜绿色的粉末。

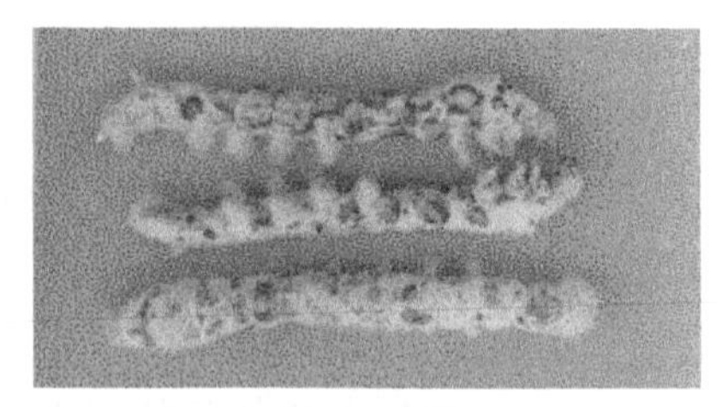

绿僵病云纹斑

轮状斑

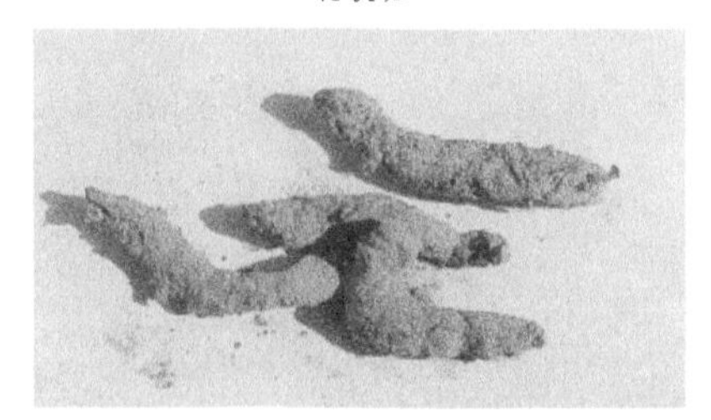

长出菌丝及分生孢子

绿僵病

4. 曲霉病

（1）病原。

曲霉属真菌，以黄曲霉和米曲霉危害最普遍。分生孢子球形，大小为3～7微米。

（2）病症。

① 蚕期（以蚁蚕，一龄及部分熟蚕）。初感病时，不食桑，伏于蚕座下，1～2天后出现白色绒毛状的气生菌丝，死蚕稍带黄

色，蚕座经一昼夜就长出曲霉。

大蚕发病时在病变部位出现凹陷大型的褐色病斑，最后长出气生菌丝，位置不定，多在节间膜或尾部肛门处。临死前，胸部伸出、吐液。死后尸体局部硬化，其他部位不变硬而易腐烂变黑褐色。还有脱肛、粪结、不蜕皮、起缩等症状。

② 蛹期（初蛹）。在五龄后期或削茧分雌雄时感染的，蛹的活动力弱，腹部松弛变黑褐色，死后局部变硬，随后在气门及节间膜和长出白色的气生菌丝（往往被误诊为白僵病），最明显是茧为绿色霉茧。

③ 卵期。蚕种保护过程中，如温度过大又不注意换气，则蚕卵表面易受曲霉菌寄生而发霉，成霉死卵，卵壳凹陷。凹陷在卵面中央成不规的三角形，逐渐干瘪。

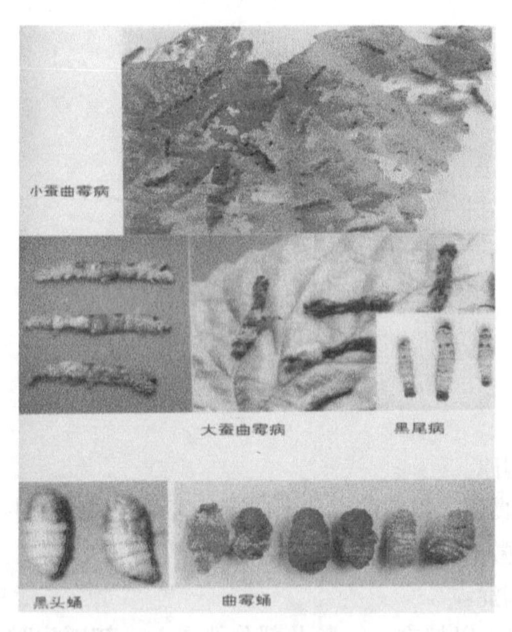

曲霉病

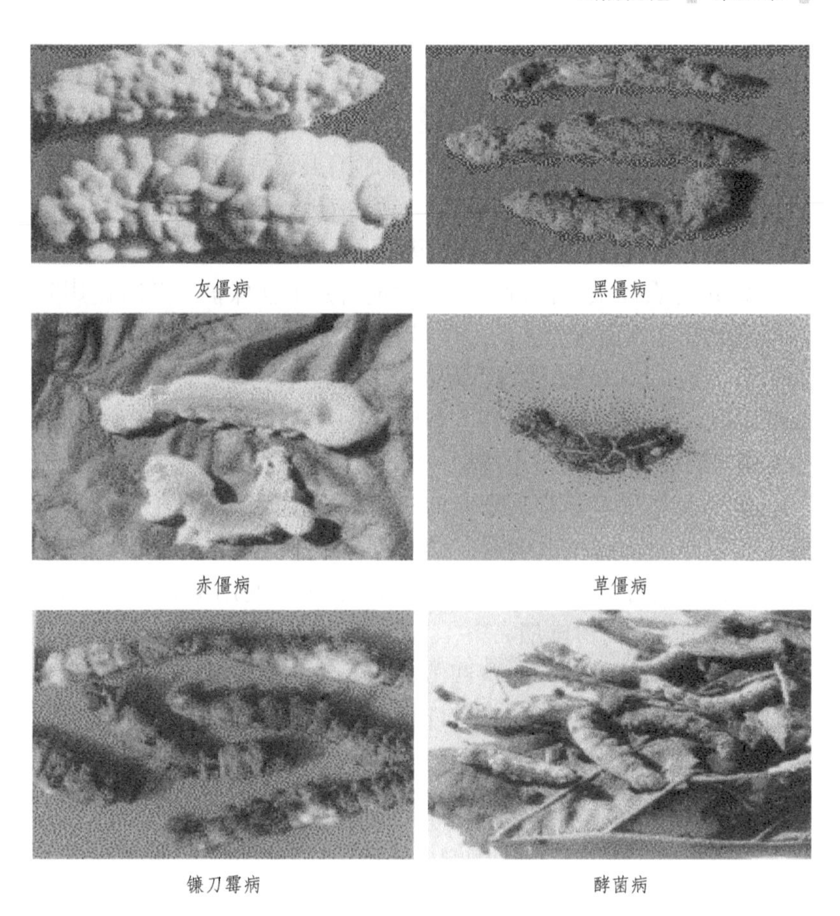
灰僵病　黑僵病
赤僵病　草僵病
镰刀霉病　酵菌病

其他真菌病

（3）发病规律。

① 真菌病的传染来源。竹木、纸张，甚至家畜禽的饲料；发过僵病的蚕沙、病蚕尸体，蚕室周围堆积的有机物；野外昆虫；真菌农药的广泛施用。

② 传染途径。接触传染、创伤传染。

5. 真菌病的防治方法

① 消灭病原，切断传染途径。养蚕前蚕室消毒后要开门窗排湿，蚕具要晒干，防止发霉。桑园及时治虫，防止昆虫感染真菌病后与蚕交叉感染。及时处理病蚕，蚕沙应进行堆沤处理，不得直接施入桑园。蔟具也应消毒后再使用。

② 进行蚕体蚕座消毒，在易感期特别加强保护。及时使用防僵药剂是控制真菌病为害的一项最有效的措施。防僵药剂有很多，如防病一号、漂白粉防僵粉、灭僵灵、防僵灵2号等。一般情况下，收蚁后第一次给桑前和各龄起蚕各使用一次，多湿天气或上一蚕期发生真菌病的蚕室应在各龄中增加一次，已发生真菌病的每天用一次。

③ 熏烟防僵。熏烟后要及时进行通风换气。化学药剂有防消散、优氯净、蚕病净熏烟剂、烟消灵等。小蚕期不宜使用防僵烟剂，大蚕使用时应注意蚕室密闭，每立方米空间用熏消净0.5～1.0克熏30分钟后开门窗排烟。

④ 加强饲养管理。注意调节蚕室、蚕座湿度，特别是大蚕期及时通风排湿，避免喂湿叶，对预防真菌病的发生有一定作用。

四、原虫病

原虫主要生活在水中和潮湿的土壤中，有锥虫、变形虫、球虫及微粒子孢子虫等。

家蚕微粒子病的病原主要是微粒子孢子，长卵圆形，大小为（3.6～3.8）微米×（2～3.3）微米。

1. 病症

（1）蚕期的病症。

① 小蚕期的症状。经卵传染的蚁蚕，收蚁后经3天仍不疏毛，体色深暗，体躯瘦小，发育缓慢。重病者一龄中死亡，轻者可延到2～3龄，但绝不能发育到四龄。蚁蚕食下感染，病征大致同上，但

多出现迟眠蚕或不眠蚕。

② 起缩蚕。2～3龄感染，到大蚕期发病，4～5龄蚕起蚕后发病，在各龄饷食后，表皮缩皱，体呈锈色。

③ 半脱皮及不蜕皮蚕。眠蚕中发病，由于蚕体质虚弱，蜕皮困难而成为半蜕皮或不蜕皮蚕，也有死于眠中。

④ 不结茧蚕。熟蚕后期发病，多数不能结茧，病蚕在蔟中徘徊，不吐丝，倒挂在蔟上死去或为“挂尾蚕”，或漫然吐丝，结不正形茧或薄皮茧，也有的成为落地蚕及裸蛹。尸体不易腐烂变色。尸体萎缩，多呈锈色。

⑤ 斑点蚕。壮蚕发病，有些可能在病蚕表皮上可见到黑褐色小病斑，状似胡椒。

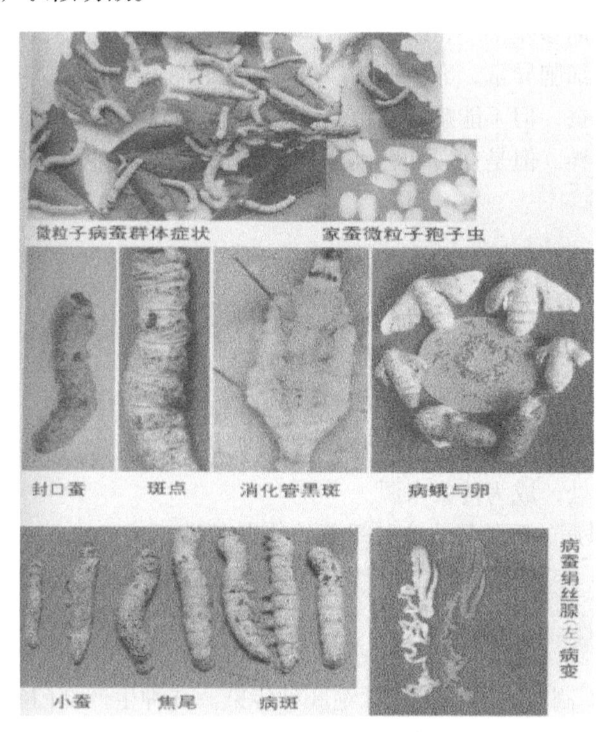

家蚕微粒子病

（2）蛹、蛾期的病症。病蛹的表皮无光泽，反应迟钝，腹部松弛，有的体壁上出现大小不等的黑斑。病情轻的较健康蚕羽化早，但病程重的，大多成死笼茧，即使能蛹化，但羽化迟缓。病蛾外观的病征：大肚蛾，是常见的病蛾之一，腹部膨大，体伸长，节间膜松弛，甚至可透视到内部的卵粒；拳翅蛾，羽化后长期不能展翅，或展开不全，有时翅上生出水泡或有若干黑斑；秃蛾，病蛾羽化时鳞毛易脱落，胸、腹部光秃无鳞毛，有时腹部鳞毛成片地变成焦黄色。病蛾交配能力差，产卵不正常，卵粒较小。但病势轻的与正常蛾不易区别。

（3）卵的病症。重病蛾产的卵，卵形不整齐，大小不一，排列不齐，有重叠卵，产附差，容易脱落，不受精卵及死卵多。点青、转青期参差不一，孵化不齐，迟出的卵发病率较高。病卵往往引起浆膜细胞异常，卵色变淡，这些卵多在催青中死亡。有病卵虽发育成蚁蚕，但不能孵化或孵化途中死亡。轻症病蛾所产的卵与正常卵无差异。但是在后期感染蚕，都看不到病征，羽化、交尾、产卵均正常。

2. 发病规律

（1）传染来源。

① 病蚕、蛹、蛾的尸体及病卵。

② 排泄物，如蚕粪、熟蚕尿、蛾尿。

③ 脱离物，如病卵壳、蜕皮壳、鳞毛及蚕茧等。其中孢子分散传播各处，成为传染来源。

④ 患病的野外昆虫亦是重要的传染来源。

（2）传染途径。经口传染、胚种传染。

3. 微粒子病的预防

（1）制造无毒蚕种，杜绝胚种传染。蚕种生产部门要严格加强母蛾检查，确保蚕种无病；蚕种场建立安全的外围区，加强对外地蚕种引进的管理。

（2）严格消毒、防毒，防止食下传染。对蚕室、贮桑室、蚕具、蔟具及养蚕环境进行严格消毒，处理好病蚕、蚕沙、蜕皮等，及时防治桑园害虫，预防野外昆虫的微粒子病与蚕交叉感染。

（3）化学药物防治。生产上推广使用浓度为2 000毫克/升防微灵液连续添食3次，能抑制微粒子孢子虫的增殖。

五、节肢动物病

1. 蝇蛆病

蝇蛆病是多化性蚕蛆蝇产卵于蚕体表，孵化后幼虫（蛆）钻入蚕体内寄生而引起的蚕病。被害蚕最初在体表可见到一个近似乳白色、椭圆形、一端稍尖的蝇卵，孵化后钻入蚕体内寄生，表面则呈现黑褐色喇叭状的特异性病斑，被寄生环节肿胀或向一侧扭曲。4龄前被寄生往往在大眠中因不能蜕皮而死亡。5龄初被寄生，大多不能上蔟，即使能上蔟，也成为个体较小的早熟蚕，上蔟后结薄皮烂茧。5龄末期被寄生，结茧后死亡，蛆体穿破茧层成为蛆孔茧。上蔟前全身环节肿胀、弯曲、体色蓝紫的蝇蛆病蚕，不结茧。五龄蚕被寄生，一般都有早熟现象。

多化性蚕蛆蝇的综合防治方法如下。

（1）蚕室门窗设置纱窗与门帐，防止蚕蛆蝇飞入蚕室。

（2）堆放蚕沙时以湿土封固，使蚕沙中的蛆蛹因蚕沙发酵而窒息死亡。

（3）及时清除上蔟室的落地蛆及蛹予以杀死。

（4）使用灭蚕蝇乳剂。使用浓度：添食用500倍稀释液（即1毫升灭蚕蝇加清水0.5千克）；体喷用300倍稀释液（即1毫升灭蚕蝇加清水0.3千克）。使用方法：体喷时要在给桑前用喷雾器喷布在蚕体蚕座上，以每条蚕都喷湿为度。大约每11平方米喷稀释液0.5千克。添食方法是在给桑后立即用喷雾器将药液均匀喷布在蚕座的桑叶上，以桑叶湿润为度。用药时间：4龄盛食期用药一次，5龄第2天、第4天各一次。

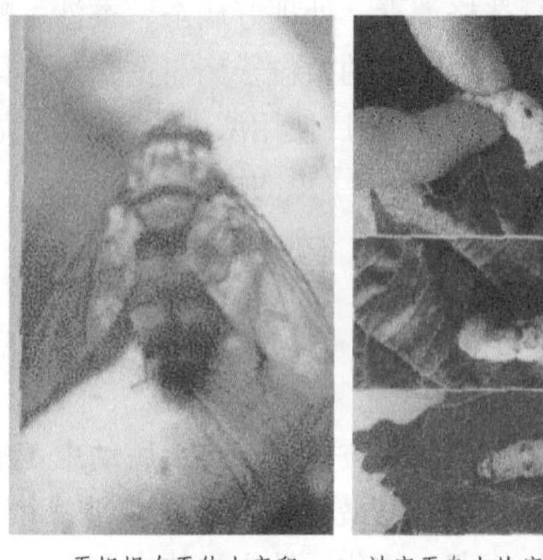

蚕蛆蝇在蚕体上产卵

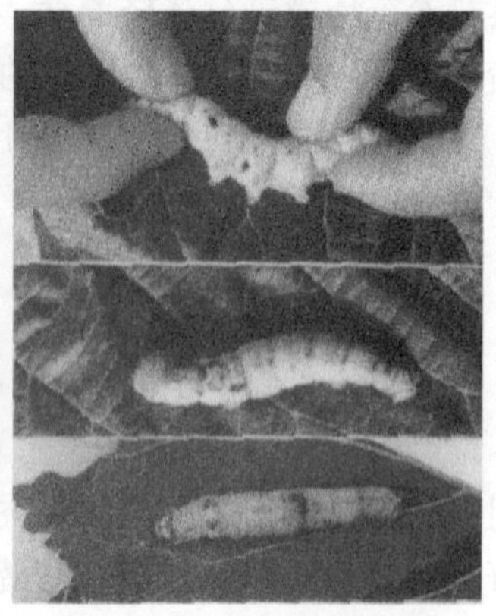

被害蚕身上的病斑（喇叭形鞘套）

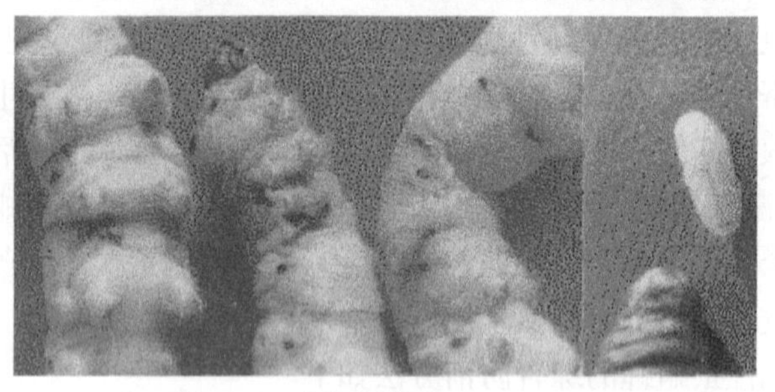

病斑及蝇蛆放大

蚕蛆蝇

2. 桑毛虫螫伤病

蚕体壁上留下明显的黑褐色病斑，圆形或两个连在一起呈瓢形，也有许多病斑聚集在一起成不定形的，大多分布在蚕体前半部的两侧或腹面，也有在腹足基部密布赤斑而成焦脚，显微镜下可见每个病斑中央都插有一根毒毛，被螫伤的蚕发育慢、迟眠迟起，多死于蔟中，5龄被轻度螫伤，茧形不正，茧质差。

六、中毒症

蚕中毒症是由某些有毒物质，通过桑叶、气流及其他途径进入蚕室，作用于蚕体，使蚕体的正常生理机能遭到破坏，而引起的一种非传染性蚕病。能引起蚕中毒的毒物种类很多，生产上常见的是农药中毒、烟草中毒和工厂废气中毒等。

1. 农药中毒

农药中毒是蚕接触或误食受污染的桑叶，而引起的一种病害。生产上屡有发生，尤以夏秋期为多，这时期正是桑园和各种作物害虫盛发季节，农药的施用量与频率都较高，稍有不慎，易发生蚕中毒现象。

（1）农药中毒的症状。一般表现拒食、乱爬、痉挛、呕吐、翻滚、排不整形粗粪，最后麻痹死亡。蚕受微量农药中毒，一般不表现特别症状，但随着农药在体内的不断积累，引起生理障碍，导致抗病力下降，发育不齐，5龄受微量农药中毒表现不结茧或结畸形茧。

（2）农药中毒的预防。

① 防农药污染桑叶。桑园治虫时，药剂要根据不同季节选用，养蚕季节尽量用残效短的农药，浓度要严格按标准配制，喷雾要细，一定要过了残效期才能采叶喂蚕。毗邻桑园或大田治虫时要相互告之。

② 防农药污染蚕室、蚕具。蚕室内不存放农药，蚕室不随意用农药驱蚊杀蝇。

③ 防养蚕人员接触农药进入蚕室喂蚕。

④ 防农药随气流进入蚕室。

（3）中毒后处理。

① 敞开门窗，通风换气，保持空气新鲜，撒隔沙材料，及时除沙，将蚕放到阴凉通风的地方后再给新鲜桑叶，当部分复苏后应

加强管理。

② 查明毒源，避免继续中毒。凡有毒物接触过的蚕具如蚕匾、蚕网及零星蚕具可用碱水洗涤，然后供用。是菊酯类污染的桑树必须根刈，然后才能用新叶养蚕。

③ 利用药物治疗。解磷定对有机磷农药中毒的解除效果较好；采用添食红糖水加阿托品等。

2. 烟草中毒

（1）症状。中毒轻的不活泼，不食桑，胸部膨大，头胸微微抖动；重者突然停止食桑，头部和第一环节紧缩，胸部缩短膨大，头胸竭立昂起，继而左右摆动，不久即死亡。

（2）烟草中毒的预防。

① 不在桑园周围种烟草。

② 烟草中毒蚕会自然复苏，不要轻易倒掉。烟草中毒用浓茶水添食、蔗糖水添食亦有一定效果。注意：不要在小蚕室内吸烟。

③ 出现烟草中毒后，要立即移蚕至通风处，待其苏醒后良桑饲养。

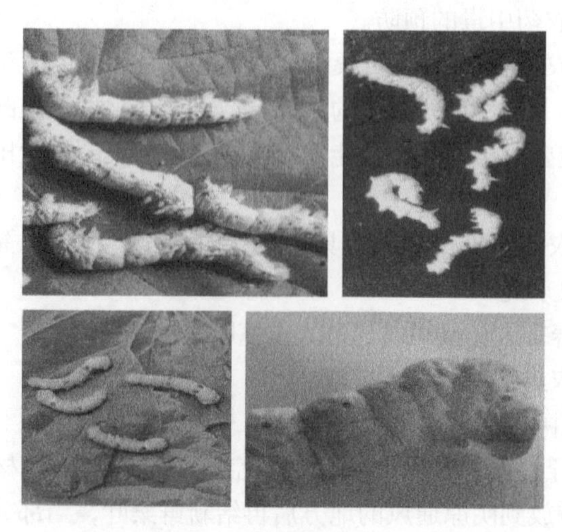

蚕中毒症

3. 工业废气中毒

（1）氟化物中毒的症状。群体表现为发育显著不齐，蚕就眠迟缓或难以入眠，龄期延长，蚕体大小参差大。病蚕出现节间膜处形成带状病斑，有时环节肿起，成为竹节蚕。病斑易破，流出淡黄色体液。

（2）二氧化硫中毒。食欲减退，发育不齐，体躯瘦小，皮肤带锈色而无光泽，大蚕受害严重的在环节处出现黑斑，排泄软粪或稀液，病蚕死后尸体变黑。

（3）工业废气中毒的预防措施。

① 工厂设置及桑园规划必须统筹兼顾，一般要求两者距离1千米以上。

② 建立桑叶含氟量检测制度，适时了解桑叶受害程度，并根据气象变化、蚕龄大小，灵活安排桑叶的采收，合理安排蚕期，避免中毒。

③ 干旱季节注意进行抗旱。工业废气污染源附近的桑树，在用叶前可进行喷灌，以冲洗桑叶上的氟化物，或叶面喷施1%～2%石灰水，以减轻危害。

④ 蚕发生中毒时，应立即更换新鲜良桑。对污染桑叶可进行水洗，或喷洒石灰水以解毒。小蚕期用3%石灰水，大蚕期4%～5%。或雨后采叶喂蚕。还可以将受害轻的桑叶与无害的桑叶间隔使用，以减轻损失。

〖知识拓展13〗——氟化物污染桑叶的诊断

受害轻的桑叶不显症状。受害重的叶尖、叶缘出现焦斑。又污染叶的病斑与健康组织之间常有一明显的暗绿色的界限。如肉眼诊断困难时，可进行显微镜检验。如观察到叶肉中有红褐色斑点以及红褐色丝状物时，即为氟化物污染的桑叶。此外，采用氟离子选择电极法，可以简便、快速而精确测知污染桑叶中的氟化物含量。

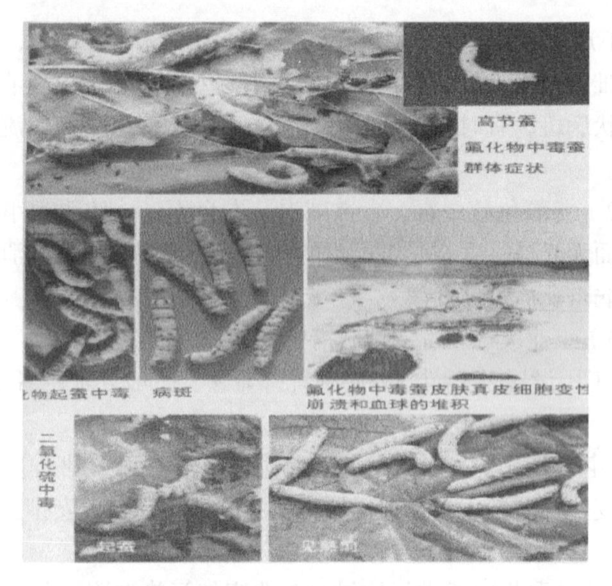

工业废气中毒

第三节　蚕病的综合防治

养蚕要掌握蚕病发生原因、发生规律和防治方法等基础知识，坚持“预防为主、综合防治”的原则。蚕病的综合防治主要抓好以下措施。

一、消灭病原

1. 严格消毒，杀灭传染性病原

防病消毒必须贯穿养蚕生产全过程，切实抓好养蚕前、饲养中和蚕期结束后的消毒工作。养蚕前蚕室蚕具及周围环境消毒是减少蚕病发生的基础，必须认真做好、做到位。饲养期间在抓好常规防病消毒工作的同时，要通过分批提青和淘汰病小蚕来控制蚕座内个体间的传染；注重人员、蚕室、贮桑室和环境的卫生及消毒工作，防止病原污染甚至扩散；病死蚕不能随意乱丢，要投入盛有消毒药剂的容器内，然后进行集中深埋处理。养蚕结束后的消毒是有效防止病原扩散、消除下一期蚕饲养中蚕病发生隐患的一项重要工作，切不可忽视。

2. 统筹安排，合理布局，消除非传染性病原

根据各地具体情况，对全年的养蚕布局做全面的安排，要避开不良气候的影响。避免大田农业病虫害防治与蚕期安排出现矛盾而造成蚕中毒的现象。

二、切断传播途径

（1）合理布局，保证相邻蚕期之间有一定的间隔时间，因地制宜选养抗病性蚕品种。

（2）推广小蚕共育，促使小蚕期发育整齐、体质强健。

（3）坚持蚕体蚕座消毒，保护易感期。

（4）推广桑叶消毒，1千克漂白粉加水100千克（0.3%），100千克药水可浸30千克叶，以连续浸3次为限。

（5）坚持卫生制度。

三、加强饲养管理

（1）加强催青技术处理，特别要防止因蚕种运输途中堆积蒸热、日晒雨淋或接触有毒有害气体，而造成蚁蚕体质下降。

（2）做到良桑饱食。重视桑叶采、运、贮工作，确保桑叶适熟、新鲜，以提高蚕的食下率和食下量，增强蚕的体质；抓好桑园治虫，减少交叉传染。

（3）严格提青，分批饲养。通过对家蚕食桑及活动状况、粪

便形状、眠起整齐度和迟眠蚕等的观察，及时发现蚕病苗头，并根据各种蚕病特有的病症进行正确诊断，从而做好提青分批、隔离、淘汰等技术措施加以有效控制传染源的扩散。在给桑、除沙、提青等操作时要细心，避免蚕体受伤易感染蚕病。

（4）加强饲养气象环境调节，保证蚕健康生长，净化养蚕环境，严防农药、废气中毒。

〖知识拓展14〗——蚕病发生后的应急处理

（1）发现病毒病，及时拾出病蚕，隔离或淘汰弱小蚕，加强用新鲜石灰粉进行蚕体蚕座消毒。

（2）发现细菌病，及时清除病蚕，添食氟哌酸等药物，每天1～2次，连续1～2天。

（3）发现真菌病，及时清除病死蚕，每天使用各种防僵粉或防僵烟剂1～2次，可交叉使用，即上午使用防僵烟剂，下午使用防僵粉。

（4）在饲育中发现微粒子病，应予淘汰深埋，并彻底消毒。

（5）发现农药中毒，立即查明毒源，隔离毒源，若是桑叶污染，应清除桑叶加网除沙，有机磷中毒可添食阿托品解毒，污染蚕具用碱水洗涤，曝晒后再使用。

（6）正确做好病死蚕、蚕沙、上蔟废弃物等的处理工作。

主要参考文献

白景彰，等. 2013. 科学养蚕技术彩色图谱[M]. 广西：广西科学技术出版社

龚垒，等. 2010. 桑树高产栽培技术[M]. 北京：金盾出版社

王彦文，等. 2014. 省力高效蚕桑生产实用新技术[M]. 北京：中国农业科学技术出版社

吴振锋，等. 2011. 植桑养蚕实用技术[M]. 北京：中国农业科学技术出版社

浙江农业大学. 1999. 养蚕学[M]. 北京：中国农业出版社

浙江省嘉兴农业学校. 1999. 蚕病学[M]. 北京：中国农业出版社